Armande Roman
Andre Valrais

Les marmites Provençales

Armande Roman
Andre Valrais

Les marmites Provençales

(du rififi chez les Régali)

Éditions Muse

Cover image: www.ingimage.com

Publisher:
Éditions Muse
is a trademark of
Dodo Books Indian Ocean Ltd., member of the OmniScriptum S.R.L Publishing group
str. A.Russo 15, of. 61, Chisinau-2068, Republic of Moldova Europe
Printed at: see last page
ISBN: 978-620-2-29920-6

Armande Roman et André Valrais

Les Marmites Provençales

(*Du rififi chez les Régali)*

Les événements rapportés ci-après n'étant pas tirés de faits réels, toute ressemblance avec des personnes existantes, ne serait que pure coïncidence.

Tréfort est un village Provençal. L'histoire communale, s'inscrit dans l'histoire régionale. Les guerres de religion, la Révolution française, la résistance à Napoléon III, et deux guerres mondiales, font que ce village tranquille, inondé de soleil allait, dans la continuité de sa belle tradition mouvementée, servir une fois de plus de décor à une histoire de succession, dont les protagonistes n'allaient pas se priver d'envenimer les débats.

Le patrimoine bâti est bien conservé dans ce village perché et les demeures avec leur caché provençal, peuvent aisément séduire des personnes en quête de tranquillité et de qualité de vie.

C'est là, dans cet écrin qui fleure bon la lavande et le romarin, que se tient avec fière allure la maison qui devait être l'objet de toutes les tensions et les convoitises à venir. En effet, les belles années de l'enfance, puis de l'adolescence passées entre les murs bienveillants de la demeure familiale, n'étant plus que des souvenirs pour la fratrie de trois enfants, les événements à venir laissaient présager ce que seraient les difficultés quant à la répartition des biens suite au décès de Madame Régali, dont une des filles devait déclarer tout de go à son frère et à sa sœur : « - ***je ne savais pas que maman avait d'autres enfants que moi !*** »

Mais pour comprendre les tenants et les aboutissants de cette histoire à rebondissement, il convient de prendre les événements dans l'ordre. Tout d'abord il nous faut nous pencher sur le fait que, juste après le décès malheureux du père, la cadette de la famille, prénommée Cunégonde, avait déjà de grands projets pour la maison familiale. La décence n'étant pas son point fort, elle commençait déjà à spéculer tel un vautour, sur les biens de la famille en calculant la part qui reviendrait à la mère en cas de vente de la maison.

Les années passèrent avec ses aléas et chacun vivait de son côté en suivant son chemin de vie, sans qu'il y ait trop de heurts, en tous cas pas qui soit excessifs compte tenu que les relations entre les deux filles de la famille ont toujours été tendues. Ainsi, à l'une qui pratiquait le métier d'aide soignante, l'autre lui rétorqua lors d'une discussion : « ***- Toi tu n'as que deux neurones, un pour le gant et l'autre pour la serviette ! Tu aurais pu au moins passer le concours d'infirmière, çà à la limite ça irait. De toutes façons c'est 80/20 ! 20 pour cent de gens intelligents et le reste c'est tous des nuls décérébrés !*** »

Ce genre de réflexion étant l'un des traits de caractère seyant à celle qui allait devenir PDG d'une entreprise de liquidation judiciaire, contribua fortement à créer l'atmosphère explosive qui allait imprégner toute cette rocambolesque histoire.

Un autre des personnages de la famille Régali était le frère. Jean dit Jeannot, le plus faible psychologiquement. Lui se contentait de suivre les conversations tendues entre ses sœurs, comme on regarde un match de tennis en suivant la balle, la tête adoptant le mouvement d'un métronome, écoutant l'une et l'autre pour in fine, donner raison à celle qui avait parlé en dernier car elle avait forcément bien dit. Mais nous reviendrons sur le bonhomme et sa capacité à jouer double jeux dans les tribulations à venir. Somme toute, la vie suivait son cours avec pour règle établie le statu quo suivant : vivre loin, les uns des autres. Mais le fragile équilibre allait vite devenir caduque...

et le temps de l'accalmie révolu.

Cunégonde

Les promeneurs qui montent jusqu'au village de Tréfort passent immanquablement devant un mur érigé en pierres de taille, situé en fronton de la maison aux volets bleus de la famille Régali. C'est la cadette qui a fait construire ce mur et la terrasse en surplomb malgré les avertissement répétés de sa mère et du maire du village : « - *Reste sur limite sinon tu va empiéter sur le domaine public !* « Et Cunegonde de rétorquer à la cantonade :« - ***C'est pas grave... ça va faire joli !*** » Et ni une ni deux, elle fit bâtir le mur qui deviendra plus tard celui de la discorde.

Cunégonde était la seule à trouver grâce aux yeux de sa mère, étant l'unique dans la famille à avoir réussi diplômes à la clé, à avoir un salaire confortable et une position sociale, ce qui lui faisait dire régulièrement que son frère et sa sœur étaient : « - ***Des ratés, des traînes misère et des gagnes petit ! Moi, à maman, je lui ai fait voir ce que c'était que d'avoir de belles choses à se mettre ! Avec vous c'eut été le Damar et la robe de chambre molletonnée ! Vous lui avez fait manger de la nourriture achetée dans les super-marché de troisième zone réservés aux gueux, avec du poulet aux hormones, du surgelé Picard et des œufs de lompe, qui ne sont que le caviar du pauvre ! Alors qu'avec moi elle a dégusté du homard thermidor recette grand chef et du foie gras du Gers , le tout arrosé de capiteux vins de garde. Je lui a fait toucher le nec plus ultra de la vraie vie, celle de la race des seigneurs ! Mais il est vrai que nous n'avons pas les mêmes valeurs. Mon salaire me permettant un train de vie que vous ne pourrez jamais avoir !*** » Bref, Cunégonde pour Madame Régali était le phare d'Alexandrie qui illuminait sa vie et tout lui était pardonné. Même son caractère épouvantable devenait, du point de vu de sa mère, une rare qualité de meneuse d'hommes ayant eu l'habitude, de part son diplôme d'ingénieur béton, de superviser des chantiers et en sus, de damer le pion aux ouvriers récalcitrants. Personne ne trouvait miséricorde aux yeux de celle qui devait déclarer au sujet des professions de ses cousines : « ***- Ah... la préparatrice en pharmacie ? Ce n'est qu'une vulgaire épicière qui vend des médicaments, tu parles d'un métier ! Quant à l'autre qui travaille dans un collège, ce n'est qu'une vulgaire cantinière qui sert de la daube à des lycéens attardés . Et pour finir, l'aînée qui est la moins conne, ce n'est qu'une secrétaire médicale passant son temps à gratter du papier et à fixer des rendez-vous. Pas besoin de sortir de l'école de saint cyr pour faire ça !*** »

Une autre fois ce fut au tour de sa sœur aînée, qui lors d'une fête de famille fit une remarquable prestation vocale (à fendre les verres en cristal) de s'attirer les remarques désobligeantes et sarcastiques de la cadette qui ayant eu vent de ce tour de chant mémorable, déclara tout de go : « - ***Eh ben... si je le sais pas que tu chantes bien... ils m'ont mis la tête comme un cabanon avec ta voix ! Ils m'en ont rebattu les oreilles pendant huit jours !!*** »

Cunégonde était donc une femme impressionnante. Et je crois d'ailleurs que parfois, elle arrivait à s'impressionner toute seule. Il y a des moments où elle se parlait à elle-même, sans doute parce qu'elle avait besoin des conseils d'un expert. Toutes les familles sans doute ont leur vilain canard et leur prodige, mais dans ce cas on atteignait des records. Ainsi déclara t-elle un jour à son frère : « - ***Maman n'aime que moi, et toi tu n'aimes que moi !*** » Exit donc le troisième membre de la famille, la prénommée Irène, qui comptait donc pour du beurre dans ce témoignage affectif, ô combien sélectif, puisque le principal concerné Jeannot lui-même en était resté coi.

Mais puisque le sujet de cette histoire, le fil rouge pourrait-on dire, est une affaire de succession, il me faut en arriver à un aspect incontournable du récit, à savoir la décision prise par les enfants de placer leur mère dans un centre de soins spécialisés, pour une prise en charge complète afin de vivre ses derniers instants entourée comme il se doit. Ce qui fut fait.

Un jour du mois d'août, c'est lors d'une visite à Madame Régali au Centre Médical Provence Luberon, situé dans la commune de Pertuis, que l'aînée s'aperçut que le téléphone portable de sa mère avait disparu. Quelque peu décontenancée elle en informa promptement son frère qui lui conseilla aussitôt de courir à la brigade de gendarmerie la plus proche, pour en déclarer le vol, et dans la foulée d'en informer l'opérateur, afin de résilier la ligne. Le bon sens guidait la réaction de Jeannot. Mais en chemin, Irène eut une intuition et soudain se ravisa. Au prix d'un effort sur elle-même, elle se décida à appeler sa sœur cadette afin de savoir si elle était en possession du dit téléphone. Celle-ci lui rétorqua avec le ton péremptoire qui la caractérise : « - ***Oui c'est moi qui l'ai... pourquoi il y a un problème ?!*** » Irène rappela alors son frère, qui finit par lui avouer qu'il était parfaitement au courant de la situation, mais que sa sœur lui avait demandé de garder le silence. Irène en resta bouche bée et à partir de cet instant, elle compris qu'il faudrait considérer que Jeannot avait un double comportement et donc à l'avenir, faire très attention à ce qu'elle pourrait lui confier le soupçonnant fortement de tout répéter à Cunégonde. Elle fit le chemin du retour abasourdie par cette révélation. Mais décidément ce n'était pas son jour de chance, car son téléphone en main au volant, elle ne s'aperçut pas qu'une voiture de gendarmerie l'avait repérée. Elle fut prise en chasse et interpellée, ce qui lui valu une amande de 45 euros et un retrait de trois points sur un permis qui était déjà bien entamé. Dépitée par l'attitude irrationnelle (c'est un euphémisme) de son frère, de retour chez-elle, elle s'affala sur son canapé frappée d'inanition. Elle repensa alors au fait qu'elle avait failli faire une déclaration de vol à la gendarmerie, alors qu'il n'en était rien, et qui plus est, qu'elle se retrouvait avec une amande à payer et un permis de conduire qui n'était plus que l'ombre de lui-même.

Quelques jours plus tard, Madame Régali devait rendre son âme à Dieu, déclenchant par là même, et contre sa volonté, la guerre des tranchées au sein de la fratrie.

Dés lors, le drapeau noir flottait sur la marmite. !

Des fleurs baladeuses

Cunégonde comme à son habitude, voulait tout superviser. Forte des dires de sa défunte mère qui lui avait susurré d'une voix chevrotante : « - *Tu es la seule capable de gérer mes biens, car tu es la seule à savoir te servir d'un ordinateur. Les deux autres ne sont que des subalternes. D'ailleurs ton frère finira comme une cloche.* » Pourtant Madame Régali, sur son lit de douleur, avec un sourire ironique, déclara un jour à ses enfants réunis autour d'elle : « - *Mais je vous aime quand même tous de la même façon.* »

Les obsèques ne furent pas une promenade de santé. Irène ainsi que d'autres membres de la famille, souhaitaient que de la musique accompagne le convoi funéraire. Mais Cunégonde s'y opposa en vociférant que : « - ***Le chagrin rajouté au pathos pour tomber dans le mélo... c'est non !*** » Quelques instant plus tard, et contre son gré, elle se rallia à la majorité ce qui ne l'empêcha pas le jour des obsèques d'agresser le curé pour une raison connue d'elle seule. Celui-ci tout ébaubi par cette invective injustifiée, lui rétorqua qu'il avait une messe a célébrer et qu'il n'avait pas de temps à perdre avec ses propos iniques.

Le convoi s'ébranla enfin jusqu'au cimetière et une fois arrivé sur place Jeannot voulu aider les porteurs pour accompagner le cercueil de sa mère jusqu'au caveau. Le Maître de cérémonie, en l'occurrence une femme, lui donna son accord. Cunégonde le stoppa alors d'un geste et s'adressa à la femme sur un ton cinglant :

– ***Mon frère a assez porté pour aujourd'hui, il est fatigué, il a mal à l'épaule. Et toi Jeannot çà suffit !!***

– Mais... ici il n'a rien porté que je sache...

– ***Il a porté ailleurs ! Et mêlez vous de ce qui vous regarde !***

La tête basse, sans mot dire, il se soumit bien malgré lui à l'injonction en rentrant dans le rang, tandis que le Maître de cérémonie en restait coi devant tant de morgue un jour pareil.

Ce fut quelques temps après, qu'un fait incroyable se produisit. En effet, Cunégonde appela son frère pour lui intimer l'ordre de récupérer les fleurs sur la tombe de leur mère. Face au questionnement de celui-ci elle répliqua : « - ***De toutes façons maintenant qu'elle est morte, qu'est-ce qu'elle en a à foutre des fleurs ? Elle ne les verra plus ! Elle risque de geler, et elles seront mieux chez-toi au chaud !*** » Estomaqué, Jeannot s'exécuta quand-même et alla récupérer ce pourquoi il avait été mandaté. Apprenant par la suite de la bouche de son frère cette incongruité, Irène lui intima aussitôt l'ordre de ramener illico presto les fleurs là où elles se devaient d'être. Jeannot, la tête en vrac, et déboussolé par ces ordres et contre-ordres, s'exécuta une nouvelle fois et fit le trajet en sens inverse jusqu'au cimetière. Mais cette fois-ci, ce fut à sa compagne Joséphine qu'il demanda de venir le chercher en voiture, Jeannot n'ayant pas le permis et s'étant déplacé la première fois en scooter. Il tombait des cordes et il ne voulait pas retourner au cimetière en deux roues sous la pluie. Arrivés sur les lieux, tandis que Joséphine laissait tourner le moteur, Jeannot s'exécutait sous le regard curieux des employés communaux qui, ayant observé le manège de loin, soulevaient leur casquette trempée et se grattaient la tête en se demandant s'il y aurait un troisième service. Une semaine après, la valse des plantes allait recommencer. Les employés s'arrêtèrent de travailler quand ils virent que cette fois-ci, c'est Cunégonde en personne qui était venu chercher les plantes mortuaires afin de les déposer à nouveau chez Jeannot, pour qu'elles y restent jusqu'au printemps. Ils prirent alors des paris, certains persuadés qu'il y aurait prochainement une quatrième expédition. Cunégonde les foudroya du regard avant de leur lancer vertement : « - ***Quoi qu'est-ce que vous regardez ?! Vous feriez mieux de vous remettre à travailler bande de feignasses de fonctionnaires c'est mes impôts qui vous payent !*** »

A ce stade de l'histoire, il me faut vous parler de la sœur aînée : Irène. Cette femme au caractère et à la volonté hors du commun, possédait une capacité à encaisser les revers de la vie à faire passer le blindage d'un char Leclerc pour du carton pâte. Droite comme un **i** face à l'adversité et faisant preuve d'une étonnante intuition, elle allait jouer un rôle de la plus haute importance dans ce qui allait s'avérer être une affaire vile et sournoise, où devaient s'entremêler les coups bas et autres tentatives d'intimidation, la cadette faisant preuve d'une mauvaise foi et d'un aplomb hors du commun arrivant même à ébranler dans ses certitudes une étude de notaire.

L'idée première de Cunégonde, était de mettre en place une S.C.I afin de garder le patrimoine et d'en faire profiter ses frère et sœur, leur proposant de rentrer dans son projet en mettant de l'argent en commun afin d'effectuer des travaux de rénovation, la cadette ayant déclaré : « - ***Cette maison n'est qu'une masure délabrée, qui nécessite des travaux titanesques !*** » C'est ainsi que pour permettre à Madame Régali quand elle était encore de ce monde (mais déjà bien diminuée) de faire ses ablutions dans de bonnes conditions, Cunégonde entreprit d'effectuer des travaux dans la salle de bain se chargeant d'acheter les matériaux (à un prix exorbitant) et paradoxalement en faisant appel à un plombier Polonais (non déclaré) pour réaliser les dits travaux. Le résultat fut stupéfiant.

Le frère et la sœur lors d'une visite à la demeure familiale se trouvèrent soudain face à un spectacle ahurissant devant un assortiment de couleurs criardes, allant du vert satanique, au gris sépulcral. L'aînée appela immédiatement la cadette pour lui demander ce qui avait bien pu motiver ce choix hideux de couleurs. Celle-ci lui hurla dans le combiné : « - ***Qu'est-ce qu'il y a ? Tu n'aimes pas le vert ?!*** » Coupant court à la discussion, Irène appris que la note fut quand même salée mais que Madame Régali, du fait que c'était sa chère Cunégonde qui avait été à l'initiative de ce projet, s'acquitta sans mot dire de la somme demandée, réglant le plombier par chèque (cherchez l'erreur). Cette prestation illégale fut, aussi incroyable que cela puisse paraître, rapportée par la cadette au notaire lors d'un rendez-vous provoquant ainsi la stupéfaction de l'homme de loi qui, devant cet aveu, ouvrit de grands yeux effarés. Comprenant la boulette qu'elle venait de faire, Cunégonde lança plus tard à son frère qu'elle allait demander au plombier de lui fournir une facture anti-datée. Jeannot en eut les oreilles qui sifflaient. Mais elle n'en n'était pas à son coup d'essai vu que le mur de soutènement de la terrasse attenante à la maison familiale avait été conçu et réalisé sans permis de construire et avec de fausses factures au nom de la société dont elle était PDG et qui fut placée par la suite en liquidation judiciaire. Comment sortir de cet imbroglio infernal sans y laisser des plûmes ? L'inénarrable Cunégonde pouvait aisément donner des cours en la matière.

Le domaine public

C'est par une belle journée ensoleillée que la fratrie s'était réunie sous la tonnelle afin de mettre certaines choses à plat. La lumière qui traversait le toit fait de canisses soutenus par des poutres transversales faisait penser à un tableau de Renoir représentant les canotiers sur les bords de la Marne, où une multitude de points lumineux viennent caresser les robes des jeunes filles. Sur la table, de l'orangeade et une carafe d'eau devait permettre à ceux qui le désireraient de se rafraîchir. Devant l'obstination de l'aînée et du benjamin à refuser d'entrer dans une S.C.I, la cadette proposa alors de vivre à trois dans l'habitation familiale. Il faut dès lors préciser que la surface totale de la maison n'excédait pas 70 m2, et que la perspective de s'entasser à trois dans cet espace, vu le climat délétère régnant dans la fratrie, devait probablement aboutir à une explosion de drames susceptibles d'alimenter les faits divers. Cunégonde en suivant son idée déclara :

> - Toi Jeannot tu vends ton scooter, tu n'en auras plus besoin et de toutes façons tu auras une retraite de misère, alors comme ça tu ne paieras pas de loyer. Et toi Irène, de retraite tu n'en auras même pas, tu n'en verra pas la couleur et c'est grâce à la mienne que nous pourrons vivre. Alors voilà ce que je vous propose. Tu vends ta voiture, la mienne suffira. Je me chargerai de faire la cuisine et vous vous chargerez de l'intendance et des travaux ménagers. Ce sera votre rôle. Comme maman l'a dit vous êtes des subalternes. Ne le prenez pas mal, ce n'est pas péjoratif. L'argent mis en commun sera pour les travaux de rénovation. Comme ça on garde le bien et on vit en bonne intelligence ! Alors... vous êtes d'accord ?

Une fois de plus, devant l'impensable, Irène et son frère, la mine déconfite, secouèrent la tête en signe de désapprobation. Loin d'être refroidie, Cunegonde tel un buffle piqué au cul par un taon dans la savane revint à la charge avec une nouvelle proposition, ce qui en dit long sur la ténacité du phénomène. La proposition fut donc celle-ci : le rachat par ses soins, après l'obtention d'un hypothétique prêt bancaire, du bien familial à un prix qui, résumé dans notre jargon Provençal, équivaut à *« une poignée de figues »*. Les autres se gaussèrent à nouveau de cette proposition indécente et demandèrent l'expertise d'un professionnel compétent. Cunégonde de mauvaise grâce, se plia finalement à la majorité. L'expertise eut donc lieu et un prix correspondant réellement à la valeur de la bâtisse fut donné. Fichu à l'eau de la Durance la plan de la cadette qui, pressée de liquider la vente, avait en secret commencé à négocier avec la voisine de la maison mitoyenne afin de brader le bien. Son argument préféré étant toujours le même : « - ***Cette maison n'est qu'une ruine, une masure insalubre et un gouffre financier !*** » Lorsque Irène parla à son tour du fait qu'elle avait peut-être trouvé acquéreur, sa sœur lui rétorqua avec le regard torve et la bouche de travers : « - ***Tache de me trouver des clients solvables, parce que sur ces sites dédiés aux transactions immobilières, il n'y a que des escrocs qui te fourgueront des chèques en bois !*** Et surtout ne soit pas trop gourmande, et ne ment pas sur la vétusté de cette ruine ! De toutes façons, le pseudo professionnel qui a fait le diagnostic énergétique de la maison est un crétin incompétent qui n'y comprend rien ! Je me demande ce qu'on va faire de ce torchon qu'il a rédigé. Il va falloir tout recommencer, et à nos frais bien-sûr. ***Je me demande où maman a pu dégotter un abruti pareil !*** » Ce retournant alors vers son frère et sa sœur elle leur lança d'un ton aigre : « - ***Vous croyez vraiment que vous avez le cul sur une mine d'or ?! Il n'en est rien ! Et cet abruti de maçon qui a mal posé les tuiles du toit, ce qui fait que maintenant il pleut dans la baraque ! c'est une ruine je vous dis!*** » Mais puisque Madame Régali était décédée, le partage devenait inéluctable et il ne fut donc plus question de S.C.I ni de cohabitation à haut risque et encore moins de rachat de la part des autres puisque la valeur expertisée de la demeure revue à la hausse, ne donnait plus la possibilité aux protagonistes de se le permettre. A cet instant, un élément nouveau allait surgir tel un Diable sortant de sa boîte, portant un coup d'arrêt aux débats.

Des années après la construction illégale du fameux mur en pierres, le passage obligé chez le notaire ne fit que confirmer ce que d'aucun savait déjà : *que le domaine public est incompressible et inaliénable*. La fratrie se trouvait donc dans une impasse avec l'impossibilité de vendre. Seulement voilà, Cunégonde avait des problèmes d'argent et voulait à tout prix liquider la succession. Pour ce faire, elle n'hésita pas à fournir de faux documents au notaire pour lui prouver que le domaine public n'existait pas, menaçant même de porter plainte contre la mairie du village, lançant à qui voulait l'entendre au sujet du secrétaire : « - ***De quoi il se mêle ce gros con de Jean Piètre ? C'est un bon à rien !*** » Arguant du fait que c'est la municipalité elle-même qui lui avait commandité les travaux suite à une catastrophe naturelle qui aurait eu lieu dans le village. Catastrophe dont personne n'a le souvenir au village de Tréfort.

Les faux documents arrivèrent donc sur le bureau du notaire, et comme l'homme de loi ne montra aucun signe de désapprobation devant la malversation, le problème épineux du domaine public semblait réglé.

Mais c'était sans compter sur la présence d'esprit de la sœur aînée qui avait pris soin de photographier les documents originaux prouvant bien que le domaine public était toujours d'actualité. Le notaire exaspéré par ces contre-vérités appela Irène : « - ***Votre sœur m'aurait-elle enfumé ?! Je n'ose le croire ! Si c'est le cas ça va lui coûter cher !*** » Par mesure de précaution il appela le secrétaire de mairie du village de Tréfort qui lui confirma que la cadette, ne reculant décidément devant rien, l'avait bien roulé dans la farine. L'homme de loi, fou de rage, hurla à l'outrage à magistrat, et se jura de porter plainte contre la magouilleuse.

A ce stade du récit, les trépidations de la famille Régali commençaient à atteindre des sommets. Mais la suite allait être encore plus gratinée, comme vous allez pouvoir en juger.

Un vent violent secouait les branches des oliviers le jour où Irène avait donné rendez-vous à son frère, le soupçonnant d'en savoir beaucoup plus sur tout ce qui se tramait, qu'il ne voulait le laisser paraître. Elle lui posa donc la question suivante afin de le tester :

– Dis moi Jeannot, étais-tu au courant du fait que maman avait souscrit une assurance vie ?

Tout en contemplant le bout de ses chaussures, celui-ci lui dit alors :

– Oui... depuis peu...vaguement et de loin...

Ne comprenant pas le sens caché de sa réponse énigmatique, elle lui demanda à nouveau :

– Tu étais au courant oui ou non ?

Ce à quoi, le visage déconfit, il lui fit un *bis répétita.*

Elle comprit alors l'intérêt qu'elle pourrait tirer des échanges de Jeannot avec sa sœur et elle décida que dorénavant elle bidonnerait des informations qui remonteraient immanquablement jusqu'à Cunégonde.

Entre temps, une nouvelle expertise était décidée par le notaire afin de déterminer le métrage exact de la terrasse de la maison de famille. Irène pris donc contact avec une agence qui se mit en quête d'un expert.

La tension était à nouveau à son comble car la discussion entre les héritiers concernait le prix à payer pour la dite expertise à venir. Irène devait déclarer d'une voix de soprano : « - ***Il n'est pas question que je paye pour les billevesées de ma sœur !*** » Ce à quoi la cadette rétorqua en criant encore plus fort : « - ***Arrête d'embrouiller la situation ! Ce n'est pas la terrasse qui est sur le domaine public, il est du côté nord le domaine public ! Je ne paierai pas pour une expertise bidon. Cesse de semer la confusion dans les esprits !*** » Mais nouveau coup de théâtre, un courrier émanant de l'étude du notaire stipulait de façon claire et indiscutable que le domaine public se trouvait effectivement du côté sud de la maison, coupant ainsi court aux persiflages venimeux de la cadette.

Par un beau matin ensoleillé les héritiers de la famille Régali faisaient le pied de grue devant le mur de la discorde, attendant l'expert mandaté. Il arriva enfin et, quand il s'extirpa de son véhicule la fratrie vit alors apparaître un personnage, la cigarette au bec, qu'ils crurent sorti tout droit d'une série pilote des années soixante intitulée : *« au nom de la loi »*. La démarche nonchalante et le regard bleu acier, il se dirigea vers eux afin de se présenter en leur lançant d'un ton goguenard :

- Alors c'est quoi qu'il faut mesurer ? Je vous préviens tout de suite sur l'éthique et les conditions générales d'exercice de l'expertise. Il s'agit des grands principes généraux et de la qualification de l'expert en évaluation, du cadre d'exercice général ou spécifique, des principes déontologiques dans lequel il place son activité.

Abasourdis par cette tirade dithyrambique, il se demandèrent combien allait leur coûter les actes du détenteur d'un si grand savoir. Comme il entrait en action ils le virent s'emparer d'une bombe orange fluo qui pendait négligemment à son ceinturon. Il s'en servit pour délimiter, après les avoir mesurées, les parcelles concernées. Tout en s'activant il continua de les abreuver avec des termes techniques, que le profane ne saurait comprendre, pour finir par leur présenter une facture d'un montant exorbitant qui acheva de les assommer. Cunégonde, têtue comme une mule, s'obstina à refuser de payer sa quote-part se refermant comme une huître, lorsque sa sœur et son frère se retournèrent vers elle avec la « douloureuse » entre les mains. Le regard avide d'un rapace, l'expert attendait que quelque chose se passa.

Finalement, après des pourparlers véhéments, la cadette finit par s'acquitter de mauvaise foi et tendit un chèque à celui qui tourna les talons avec un grand sourire narquois, dévoilant une dentition apte à décapsuler une canette sans effort.

Quelques jours plus tard, Irène décida de monter jusqu'à la mairie du village afin de régler une fois pour toute le problème épineux du domaine public, mettant sur la table la proposition de rachat de la parcelle concernée afin de régulariser la situation.

Mais contre toute attente, le maire refusa tout net de la suivre dans cette démarche. Elle s'entendit dire alors : « - *Nous ne régulariseront pas et nous ne casseront pas non plus !* » Ce fût donc une fin de non recevoir.

Apprenant que cette négociation avait échoué, Cunégonde fut prise de rage, et sautant dans sa voiture, partit en trombe jusqu'à la Mairie.

Le premier à croiser son chemin fut Jean Piètre. Elle allait le tancer vertement, mais l'officier d'état civil, ne s'en laissant pas compter la traita : « *d'emmerdeuse et de fouteuse de bazar* » lui interdisant désormais toute communication verbale et téléphonique, allant même jusqu'à bloquer la messagerie électronique de la mairie, qu'elle inondait de propos acerbes, n'ayant toujours pas admis qu'elle était la seule responsable de la gabegie qui court-circuitait la succession.

Recel successoral

Délit civil constitué par un détournement des biens, des actifs ou des droits d'une succession, par un héritier au détriment de ses cohéritiers. Il suppose un élément matériel et ***un élément intentionnel*** *pour être sanctionné en justice.*

C'est cet ***élément intentionnel*** qui allait provoquer un nouveau rebondissement dans l'affaire Régali, car à côté de ce qui allait suivre, les malversations de la cadette allaient passer pour un vol de coussin péteur dans un magasin de farces et attrapes.

Mais comme dans tout récit, ou mise en scène, il faut respecter une unité de temps, de lieu et d'action. Revenons donc sur les événements.

Pour le temps, la chronologie des faits dévoilés est respectée. Pour le lieu, c'est bien sûr le village de Tréfort, situé dans le décor de carte postale de la Provence qui lui sied si bien. En ce qui concerne l'action, le début du commencement de la fin se profilait à l'horizon dans un feux d'artifice de rixes verbales et de comportements outranciers, et les numéros Pagnolesques des uns et des autres, n'allaient plus suffire à conjurer la crise à venir.

- ***Je paye tout depuis que maman est partie ! Les factures pour la maison, les assurances, l'EDF, l'eau et plus encore ! Et à ce sujet il faudra penser à me rembourser !***

  Cunégonde avait pris son frère et sa sœur à parti, leur demandant de la rembourser pour des frais supposés, dont elle ne fournit jamais les justificatifs. Irène ayant contacté la compagnie d'assurance Groupir, se fit entendre dire sans rire, que la somme de 500 euros restait dû, et que, sans règlement sous quinzaine la résiliation du contrat d'assurance de la maison serait effectif. Comme il en fut ainsi des autres organismes on conseilla à Irène d'envoyer désormais les factures à l'étude du notaire, puisqu'il était tout désigné pour solder le passif et l'actif. Une fois de plus, Cunégonde avait fait la démonstration de sa malhonnêteté. Mais ceci n'était que le prélude à ce qui allait suivre, révélant si besoin était encore, la pathologie certaine et avérée de la cadette dont la devise aurait-pu être : *no limit.*

A ce stade de l'affaire le notaire Maître Enfoiros, attendait le rapport d'expertise de la terrasse afin de pouvoir enfin délivrer l'autorisation de mise en vente du bien familial sur le marché de l'immobilier, ayant au préalable spécifié aux héritiers de cesser d'abreuver son étude de messages vindicatifs, ceux-ci ne concernant pas le règlement de la succession, mais relevant de la mésentente entre les dits héritiers, n'ayant pas vocation à être témoin de leurs déchirements familiaux. Jeannot et Irène, ayant reçu le même courrier que leur sœur, comprirent le bien fondé de ce recadrage, qui sans ambiguïté, était à l'attention de la cadette. Quelques jours passèrent et chacun vaqua à ses occupations sous le ciel de Provence. Mais nouveau coup de théâtre, la vente du bien familial risquait une fois de plus de se retrouver au point mort à cause d'une histoire de chèque indûment perçu, de prélèvements abusifs et de transfert de fonds de compte à compte, plus que douteux, et ce sans procuration. Tout cela relevant du délit de recel successoral. Une enquête à ce sujet était donc en cours. C'est lors d'un rendez-vous pris avec le notaire, que Cunégonde accompagnée de Jeannot, fut informée du fait que Irène avait expressément demandé un droit de regard sur les derniers relevés de compte de Madame Régali. A cette annonce Cunégonde devint livide, au point que son frère craint qu'elle ne défaille et ne tombe de son siège. C'est à cet instant que pour justifier ses éventuels détournements, elle lâcha tout de go : « ***- Bon sang mais c'est bien sûr ! La mémoire me revient tout d'un coup ! Cela ne peut-être que ça... la salle de bain rénovée au noir par le plombier Polonais !*** » Ébranlé par tant d'aplomb et après tous les coups d'entourloupe de la cadette, Maître Enfoiros, prématurément usé par cette affaire se déchargea sur son Clerc en lui disant d'une voix blanche : « - *Je te refile le bébé. Je n'en peux plus de cette famille agitée du bocal. Je pense qu'ils n'ont pas la lumière à tous les étages ces ramollos du bulbe ! Et un bon conseil... méfie toi des réactions de la cadette.* » Le malheureux Clerc se retrouva vite dépassé par ce dossier épineux et gluant, et il maudit en secret son supérieur pour lui avoir procuré des nuits blanches peuplées de cauchemars.

Un coup fumant

Irène, qui était monté jusqu'à Tréfort pour aérer la maison familiale et arroser les fleurs, vit du haut du balcon monter un scooter dans les lacets conduisant au village. Elle reconnu immédiatement son frère à sa façon de conduire. Elle se demanda alors ce qu'il pouvait bien venir faire. Quand il arriva elle le héla : « - ***Qu'est-ce que tu viens faire là toi ?*** » Il lui répondit sans enlever son casque : « - *J'ai des choses à te dire...* » Irène légèrement agacée lui répondit : « - ***Je n'ai rien compris à ce que tu dis... attends je descends... mais il y a intérêt à ce que ce soit important !*** » Debout à côté de son engin à deux roues, Jeannot enleva son casque visiblement agité et dit tout bas à sa sœur venue le rejoindre :

- *Tu te rends compte de ce qu'a fait Cunégonde ? Il y a un coup fumant à faire frangine ...*

- Mais de quoi tu parles Jeannot ?
- *Maintenant je peux bien te le dire...*
- Quoi ? Mais parles plus fort nigaud !
- Cunégonde veut faire main basse sur la collection de livres de Victor Hugo... que j'ai estimé à au moins 1500 euros !
- Mais ça je le sais déjà. Quoi d'autre ?
- Elle cherche à nous escroquer, alors le mieux c'est de la doubler en prenant un max de choses dans la maison, notamment la machine à laver, le frigo, le four à chaleur tournante et aussi...
- Mais tu délires mon pauvre...il est hors de question de vider la maison. Tu es siphonné, tu as des trous d'air dans le cigare en plus d'avoir la palme d'or des hypocrites et des faux culs.

Jeannot n'écoutant pas un traître mot, poursuivit sa pensée, et les yeux mi clos, il leva les bras au ciel comme un prédicateur pour lui répondre par saccades : « - Réfléchit bien... la nuit porte conseil... je te redis qu'il y a un coup à faire. » Irène décontenancée par ses propos aberrants, essaya en vain de le raisonner pour finir par lui ordonner de ne rien prendre dans la maison, ne voulant pas encourir les foudres de Cunégonde. Mais absorbé par son idée fixe, Jeannot prit alors un air mystérieux pour dire :

- Réfléchit frangine... réfléchit bien... ne laisse pas passer cette opportunité.

– Opportunité de mes fesses oui ! Mais qu'est-ce qui te motive pour venir déballer de pareilles inepties ?

– C'est pour compenser le pognon qu'elle a détourné.

– Mais sombre crétin une enquête est en cours pour déterminer ça, et je te conseille de ne pas asticoter Cunégonde sans preuves si tu ne veux pas te faire claquer le beignet.

– Et moi je te dis que tu ne devrais pas hésiter, vu le préjudice. Réfléchit bien. Elle a piqué 5000 euros...ça en fait des choses à récupérer. D'ailleurs moi je vais prendre de la vaisselle, et aussi un ou deux Moustiers et aussi la télé.... pour commencer.

– Il n'en est pas question. Tu vas me donner immédiatement ta clé et remonter sur ton engin en oubliant ce fumeux projet. Allez ouste dégage de là !

Jeannot surpris par la réaction de sa sœur lui cria une dernière fois après avoir remis son casque :

– ***Je te conseille de bien réfléchir, encore et encore... la nuit porte conseil !***

– C'est ça... parles à mon cul ma tête est malade. Et maintenant circule !

Jeannot contrarié, tenta une roue arrière pour frimer devant sa sœur. Il cabra le scooter jusqu'à faire racler la plaque d'immatriculation et se rattrapa de justesse. En pestant, il accéléra à fond pour reprendre la route sinueuse à tout berzingue. Un paysan qui montait avec son tracteur fut obligé de sauter dans un champ pour l'éviter et Irène crut que la dernière heure de Jeannot était arrivée. Mais déjà le bougre sortant du dernier virage, attaquait la longue ligne droite menant à la route nationale, bille en tête, couché sur son engin afin d'offrir le moins de résistance possible au mistral « *gaie luron et la joie de vivre* » venait de faire une fois de plus, la démonstration de son talent congénital de semeur d'embrouilles.

La valise

Une seule personne semblait pouvoir supporter le caractère atrabilaire de la cadette ; son compagnon Marcel. Un être vil et sournois, à l'humour primaire et déjanté. Un spécimen à l'ego surdimensionné, se targuant à qui voulait l'entendre d'être le discipline préféré du grand fourchu avec qui il aurait signé, d'après ses dires, un pacte sanglant. L'individu, originaire des hautes alpes, s'était vanté un jour auprès d'Irène, d'avoir décroché des médailles d'or et d'argent lors de concours d'accordéon classique. Mais son mensonge fut éventé lors d'une fête de famille, où il fut prié de sortir son instrument afin d'enchanter la galerie avec ses notes divines. Le spectacle tourna court, lorsque l'assemblée en attente du prodige s'aperçut finalement qu'il était incapable de jouer ne serait-ce qu'une comptine d'enfant. Devant les mines dépitées de l'auditoire, le compagnon de Cunégonde affirma stoïquement que par un étrange charme, ou un tour du destin, il ne savait plus lire une partition. La famille fit mine de croire à cette fable et passa à autre chose entre la poire et le fromage. Mais certains, les anciens, ne manquèrent pas de faire des commentaires en chuchotant :

- *Té vé... c'est un fadoli. Sûrement encore de ces crétins des Alpes et peut-être même leur champion.*

Une autre fois, alors que la famille s'était réunie au cabanon pour un barbecue bien arrosé, Irène remarqua une cicatrice sur le genou de Marcel qui, ayant mis un short, ne se lassait pas de faire admirer ses jambes, à qui voulait les voir, arguant du fait que l'absence de poils le faisait descendre d'une tribu de la cordillère des Andes. Elle lui demanda :

- D'où te vient cette cicatrice ?

Ce à quoi il répondit :

- Rien de grave, ça m'est arrivé à la suite d'un saut en parachute.
- En parachute ? Tu as donc sauté d'un avion ?!

Quelques personnes entendirent cette évocation et aussitôt formèrent un cercle autour de Marcel, lui demandant de narrer sa mésaventure. Il continua donc en ces termes :

- Après avoir effectué un saut de l'Ange que je qualifierai de parfait, j'ai fait une mauvaise réception et mon genoux a heurté un rocher qui se trouvait là. Maîtrisant une douleur que beaucoup n'auraient pu supporter, j'ai réussi à me traîner jusqu'au cabinet d'une ostéopathe Hindou, qui me prodigua les premiers soins en appliquant sur mon pauvre genoux meurtri et laminé, des aimants en or. Le soulagement fut instantané et elle me recommanda d'aller à la pharmacie la plus proche, afin d'en acheter un jeu et de les appliquer matin et soir afin d'assurer une guérison complète.

A l'écoute de ce récit un membre de la famille, pris de doute, émis une objection : « - Comment est-ce possible Marcel...puisque l'or n'est pas magnétique ? » Sans se démonter il lui rétorqua d'un ton sec : « - ***Si tu ne me crois pas, vas donc demander à ton pharmacien et tu verras bien ! Et je ne te parle même pas d'une séance mémorable chez mon acupuncteur aveugle, qui à la suite d'une mission secrète traumatisante, pour me détendre, m'enfonça une aiguille sur le sommet du crâne qui devint incandescente me brûlant le cuir chevelu au troisième degré mais me calmant instantanément de mon stress post- traumatique !*** » Une fois de plus la famille passa à autre chose, comprenant que le sieur Marcel était un gros mytho et qu'il était bien assorti de ce fait avec Cunégonde, vu que leur pathologie semblait être complémentaire. Plus tard, un verre à la main le duo de choc fit tinter chacun le sien afin de porter un toast pour célébrer une grande nouvelle. Et quelle nouvelle !La valise diplomatique venait d'être retrouvée au fond du garage, sous un tas de vieux journaux et de magazines, coincée entre une cantine militaire et un paquetage de survie périmé. A ceux qui se perdirent en conjectures, il fallut préciser que Marcel était un ancien militaire de carrière avec le grade d'adjudant chef et qu'il avait, d'après ses dires, l'insigne honneur d'être un proche de l'exécutif en place à l'époque. De ce fait, il était porteur de la dite valise diplomatique. Celle-ci égarée lors de circonstances encore non élucidées, fut fort heureusement retrouvée grâce à un bienheureux hasard du à l'achat par le couple d'une voiture de sport rutilante. C'est lors de la manœuvre pour rentrer sa nouvelle acquisition dans le garage, sous le regard inquisiteur de Cunégonde, que Marcel, bien imbibé de son breuvage favori, recula si vite qu'il heurta violemment le mur du fond faisant dégringoler une étagère avec dessus tout l'attirail qui dissimulait la fameuse valise. Sur les visages pouvait se lire l'étonnement. Certains, crédules, s'interrogeaient du regard et d'autres se demandaient tout simplement de quelle valise ces deux là pouvaient bien parlaient. Soudain quelqu'un sortit du rang. Il s'agissait de l'instituteur du village de Tréfort, qui, pris d'un doute certain, s'adressa à Marcel :

- Je croyais que seul un agent du ministère des affaires étrangères accrédité secret défense pouvait transporter la valise diplomatique. On le nomme même dans le jargon « le courrier de cabinet » et il en assure la garde jusqu'à sa remise au poste diplomatique. Il y aurait même plusieurs degrés de classification des documents qu'elle contient la valise... tu es au courant ?

Marcel, surpris par la remarque avisée de ce contradicteur de talent se mit à regarder alternativement, le ciel puis ses chaussures pendant un moment qui parut bien long à tout le monde, tant une réponse était attendue. Puis il tonna d'une voix de stentor : « - ***Tout ça c'est du bla bla pour brouiller les pistes ! N'est pas secret défense qui veut !*** » L'instituteur n'en démordit pas, et le ton monta si bien qu'un échange de gifles et de marrons eut lieu accompagné d'invectives et d'insultes en tous genres à faire pâlir le Marquis de Sade. A tel point que les deux hommes durent être séparés avant qu'un drame ne survienne. Dans son coin Irène hochait la tête, se demandant qu'elles élucubrations allaient encore être concoctées par ce couple pathétique. Tandis que les plus vieux ricanaient dans leur manche : « - *Hé hé...bientôt il va nous dire qu'il a chevauché une licorne au clair de lune ce fadoli ! Attendons la suite des foutaises...ça promet.* » Chacun parti de son côté et Marcel alla se rasseoir. Malgré une manche déchirée l'instituteur avait fière allure et tel un coq bombant le torse, il parada un instant devant les dames avant de prendre des saucisses merguez et de s'asseoir à son tour.

A la fin de cet après midi mémorable, au moment où chacun allait reprendre la route, Marcel crut bon de gratifier l'assemblée d'un nouveau fait, qu'il annonça être d'une importance capitale. Il prit un air mystérieux et tout en mettant un doigt devant sa bouche, il susurra :

- *Chut... car ils savent que je sais qu'ils savent...et mes jours sont menacés ! D'ailleurs si on me retrouve un jour raide ce ne sera pas un suicide, mais une exécution sommaire pour me faire taire.*- Les anciens trop éloignés demandèrent : « - *Quoi ? Mais qu'est-ce qu'il a dit ?* » Un autre se risqua à s'exclamer d'une voix enjouée : « - ***Ma parole mais c'est l'homme qui en savait trop !*** » La surprise traversa l'auditoire comme un vent catabatique lorsque Marcel déclara derechef : « - J'ai des révélations fracassantes à faire au sujet du Rwanda, une bombe à ébranler les fondements de la 5ème république. J'aurais d'ailleurs besoin d'un journaliste pour recueillir mes confidences. Si quelqu'un a ça dans son entourage... je suis preneur. » Tous attendirent la suite des propos nébuleux de Marcel qui, les sourcils relevés et les yeux mis clos, fit un geste vague dans un silence pesant. La suite ne vint jamais, ce qui fit dire aux anciens : « - *Il ferait bien d'arrêter de taquiner le rosé par cette chaleur, ça lui tape sur la calebasse et ça la met en ébullition !* » Les convives tournèrent les talons, certains en haussant les épaules. Au bout d'un moment, il ne resta sur place que Cunégonde et Marcel. Regardant alors son homme affublé d'un magnifique œil au beurre noir et toute béate d'admiration elle lui clama : « - ***Oh mamour... tu es mon héros !*** » Celle, qui ce jour là fit montre d'un sentiment qui pouvait lui donner figure humaine, avait quand même demandé à sa sœur quelques temps auparavant : « - Alors dis-moi... toi qui est dans les soins...une question me brûle les lèvres. Ça vit vieux les gens qui ont un pacemaker ? » Irène, sidérée par cette question lui répondit enfin : « - Pourquoi... Marcel en est équipé ? » Un ange passa. La cadette tordit la bouche, et au bout d'un moment opina du chef. Irène lui dit alors qu'en cas de décès, comme la source d'énergie utilisée pour son activation est une batterie fonctionnant au lithium-ion, il est fortement conseillé de retirer le pacemaker, car on a vu qu'à cause de lui, un funérarium a explosé lors d'une crémation. Cunégonde fit une moue de dégoût et fronça les sourcils d'un air embarrassé, songeant au fait qu'elle ferait bien de ménager le cœur fatigué de son héros et de limiter fortement les exploits d'alcôve, car le contrat d'assurance vie que Marcel avait rédigé en son nom, n'était pas encore validé. Les mains moites, elle sentit la sueur dégouliner dans son dos, la raie du cul faisant gouttière, à la pensée que son Marcel ne vienne à claquer sans préavis. Elle lâcha pour finir : « - Bah... depuis qu'il a été opéré de la prostate il n'est plus bon à rien. Il y a longtemps qu'il ne dort plus sur la béquille. ***C'est une planche et moi je fais ceinture !*** J'en suis réduite à utiliser des trucs qui fonctionnent à la Duracell. » Irène, écoutant les lamentations de la cadette, songea que ce pauvre Marcel était finalement plus à plaindre qu'à blâmer. Elle se souvint alors qu'une des anciennes relations de Cunégonde (chose suffisamment rare pour être signalée) l'avait autrefois affublée d'un surnom collant parfaitement au personnage : *la lanceuse de couteaux*.

Racket à Tréfort

Sous une pluie d'orage, par matinée, l'adjoint au maire Jean Piètre passa en remontant la rue principale devant le mur de la Maison Régali. Il songea alors au fait qu'avec le pataquès qu'était en train de mettre Cunégonde, cela ne faisait qu'aiguiser la curiosité du notaire qui posait de plus en plus de questions sur l'extension de la terrasse avançant sur la rue, et sur le fait que l'ouvrage n'ait pas été cadastré en bonne et due forme, la domanialité publique étant l'ensemble des règles spéciales auxquelles sont soumis les biens, comme par exemple l'imprescriptibilité, or la mairie de Tréfort avait laissé le mur et la terrasse dans un flou Hamiltonien. Jean Piètre se savait en porte à faux avec la loi, n'ayant pas mandaté un géomètre afin de délimiter avec exactitude la parcelle relevant du domaine public après la construction du fameux mur. Car, après qu'il fut érigé, un accord avait été passé avec feu Madame Régali, pour soi-disant régulariser la situation. La municipalité empocha dés lors, sans vergogne, la somme d'argent ainsi versée qui se rajoutait à celles payées par d'autres particuliers qui s'étaient permis quelques libertés sur la commune. Le conseil municipal en contrepartie fermait les yeux sur ces incartades. Cette pensée, donna le frisson à Jean Piètre, et ce n'était pas du à l'orage, qui enfin, venait rafraîchir l'atmosphère.

Les volets bleus de la bâtisse étaient restés clos depuis le décès de Madame Régali, ce qui n'empêchait pas les factures de courir. C'est à ce sujet qu'un nouveau conflit éclata entre la cadette et Irène à propos d'une police d'assurance concernant la maison et contractée à l'insu de son frère et de sa sœur. Jeannot était dans ses petits souliers, tandis que Cunégonde lui aboyait dessus à ce sujet. Il osa cependant affronter son courroux, en lui rétorquant que si elle avait souscrit une autre police d'assurance pour la maison elle aurait pu l'en informer, ainsi que sa sœur, et aussi et surtout le notaire. Mal lui en pris : « - Mais enfin, je t'en ai parlé le 2 Janvier lorsque nous nous sommes souhaité les vœux... **tu t'en souviens pas ?** » Et Jeannot de répondre avec une assurance qui le surpris lui-même : « - Le dire c'est bien, mais le prouver c'est mieux ! » Elle entra en fureur et lança d'une voix puissante à son frère: « - ***Toi de toutes façons tu as une mémoire de poisson rouge ! Sache que j'ai téléphoné au notaire pour lui dire ma façon de penser à ce sujet. Je l'ai envoyé chier ce con ! De quoi il se mêle ?! Il me dit que c'est illégal de contracter une assurance pour la maison alors qu'on en a déjà une chez Groupir ! J'en ai trouvé une moins chère, mais ce con il veut que je la résilie...mais moi je ne veux pas...il me fait chier ! Je lui ai raccroché au nez !*** » Estomaqué par cette tirade assassine, et sentant qu'il était temps pour lui de couper court et de battre en retraite, Jeannot monta sur son vélo et pédala avec force pour s'éloigner au plus vite de cette scène.

Maître Enfoiros qui avait une fois de plus fait les frais de la vindicte de la cadette, se promit de ne plus lui répondre, tenant à préserver son équilibre mental et émotionnel.

Plus tard, Irène ayant été mise au courant par son frère de la situation, se dit que cette fois Cunégonde était mûre pour la camisole et elle songea sérieusement à demander une expertise psychiatrique. Sachant que dans ce cas, elle passerait également devant le diagnostic du médecin fouilleur de crâne, qui traite et tente de prévenir la souffrance psychique et les maladies mentales, elle pensa qu'il était temps de contacter d'urgence l'éminent docteur Bayoque, reconnu par ses pairs, ce qui est un indéniable filet de sécurité, car cela permet en cas de dérive, de pouvoir en référer à la commission de déontologie dont le psy dépend. Cunégonde comme la loi l'exige, devrait alors se soumettre à la séance et il y aurait fort à parier que celle-ci allait être révélatrice de pathologies certaines et avérées. Mais pour l'heure, la succession s'enlisait dans les sables mouvants et l'espoir de vendre le bien familial ressemblait de plus en plus à une chimère.

Comment imaginer qu'une banale succession, en arrive à devenir une affaire d'une telle teneur qu'elle allait semer une zizanie totale, allant même jusqu'à occasionner une brouille entre Maître Enfoiros et l'adjoint au maire qui comptait pourtant parmi ses relations depuis longtemps. L'homme de loi confronté directement à **celle** à côté de qui une nuée de sauterelles sur un champ de maïs faisait figure de broutille, et devant tant de mensonges, de mauvaise foi et de malversations, avec en prime pour finir, le laxisme dont fit preuve la commune avec l'histoire du domaine public, finit par péter un plomb et lors d'un échange téléphonique, il se mit à vouvoyer Jean Piètre, plongeant celui-ci dans la consternation.

Ainsi, en était-il fini de leur belle amitié.

La juge

Madame la juge Pétula Chastagne, faisait penser avec ses jambes interminables à une grue cendrée, se déplaçant dans la salle des pas perdues tel Belphégor arpentant les sous-sol du Musée du Louvre. L'ancienne fonction qu'elle occupait, au sein de la magistrature, étant celle de juge aux affaires familiales, la JAF, un jour confrontée à une situation l'appelant à déterminer le montant d'une pension alimentaire et discutant à ce sujet avec l'avocat, mit en avant le fait (comble de l'incompétence) qu'elle ignorait qu'il fallait un deuxième enfant pour toucher les allocations familiales. L'avocat Maître Ange Casanova, abasourdi par cette révélation en parle encore.

C'est cette femme, qui pouvait se trouver en charge du dossier de l'affaire Régali, si plainte était déposée contre Cunégonde pour le délit de recel successoral, pour, en correctionnelle, statuer en première instance sur les infractions commises, qualifiées de délits. La magistrate ne jouissait pas d'une bonne réputation dans le milieu. Si pour ses confrères il n'y a certes pas de « juge idéal » cependant il existe quelques « bons juges » que l'on perçoit comme isolés au sein du milieu judiciaire, et souvent même rejetés par lui, en particulier par la hiérarchie. La littérature reflète également cette opinion générale. Car si on y rencontre quelques belles figures de juge, c'est toujours à dose homéopathique. Nombre d'innocents ont ainsi été condamnés accueillant la sentence comme un colossal coup de massue. Le juge doit d'abord être quelqu'un d'intègre, qui ne se laisse influencer ni par le statut social des parties, ni par le souci de l'opinion publique, ni même par l'appât du gain ; il ne doit pas prendre parti et il doit rester neutre envers toutes personnes, de quelque grade, dignité, qualité et conditions qu'elles soient. Mais le journaliste à particule Robert de la Motte du Caire, qui a suivi de nombreux procès et retranscrit un grand nombre de minutes, a rencontré bien peu de juges qui correspondent à cette description. Il dressa cependant les portraits de quelques magistrats français comme ce président, qui avait une éloquente parole aux accents d'honnêteté dont le verdict était attendu presque comme une délivrance par les accusés.

Madame la juge, n'entrait dans aucune catégorie dans le creuset de la magistrature. Ses sentences étaient toutes imprévisibles et quelques fois, il faut bien le dire arbitraires. Mais elle tordait le coup à ses détracteur, avec un flegme qui lui venait du côté de sa mère anglaise, qui finit folle au « Bethlem Royal Hospital » qui est un hôpital psychiatrique situé à Beckenham dans le borough londonien de Bromley.

Jusqu'à présent les deux sœurs avaient réussi à s'éviter le plus possible, ne prenant langue que pour s'échanger des remarques désagréables et assassines, Jeannot servant d'arbitre ou de tampon. Mais les choses allaient être différentes car la juge Chastagne avait convoquées la fratrie le même jour à la même heure. Irène, connaissant l'aspect imprévisible des réactions de Jeannot, se demandait déjà de quel côté il allait se ranger, lui qui avait l'habitude d'avoir le cul entre deux chaises. Elle était persuadée que si un procès avait lieu Cunégonde allait être condamnée, ce qui l'écarterait de la succession, en lui laissant une plus grande part du gâteau ainsi qu'à Jeannot. Mais la cadette, persuadée que tout ceci n'était qu'une cabale, n'en démordait pas, et plus pugnace que jamais, elle était prête à monter sur le ring. Afin que chacun puisse vider son sac, et ce, quelques jours avant le rendez-vous avec la juge, une réunion fut décidée. Celle-ci eut lieu au départ du village du Tholonet. Un sentier s'élève jusqu'au belvédère qui offre une superbe vue sur la Sainte-Victoire. Là, une fontaine tarie en été, surplombe deux bancs situés l'un face à l'autre. C'est dans ce décor dont la luminosité si particulière a attiré les peintres de tous les horizons que la cadette ouvrit les hostilités.

- Et alors... si maman a voulu me faire un chèque ça la regardait ! Elle n'aimait que moi de toutes façons ! Cet argent j'en avais besoin pour régler certaines choses dont elle était au courant. **Y'a pas de quoi en faire un pataquès !**

- D'accord, mais il va falloir en justifier l'utilisation devant la Juge, car c'est de l'argent en moins sur notre part d'héritage !

- ***Ah voilà bien de la jalousie ! Est-ce que je te fais chier moi avec*** **le** ***meuble que maman t'a laissé ?!*** Elle a même fait un écrit en ce sens des fois que j'aurais eu des vues sur ce satané meuble qui, soit dit en passant, à un design affreux. Je te le laisse... ***serviteurs !***

– Et les transferts de compte à compte…tu vas les justifier comment les transferts ?

– Toi Jeannot **ferme ton clapet !** Quand le sage montre la lune l'idiot regarde le doigt !

– Il n'empêche... sa question est pertinente. Que vas-tu dire à la Juge à ce sujet ? Comment se fait-il que tu sois en possession des codes d’accès des comptes de maman ?

– Parce que j'ai une procuration...

– C'est faux, tu n'as jamais eu de procuration, et ça c'est le banquier qui me l'a confirmé !

– Çà te regarde pas, **et le banquier c'est un con !** D'ailleurs il n'avait rien à te dire celui là... et il ne perd rien pour attendre ! Maman m'a donné les codes parce qu'elle n'avait confiance qu 'en moi. Quand je pense que tu a eu le culot de faire bloquer les comptes... **mais de quoi tu te mêles ?!**

– Oh mais si ça me regarde, et Jeannot aussi !

Le frère, comme à son habitude, suivait la conversation en regardant l'une et l'autre quand soudain, il interrompit la prise de bec :

– Attendez... mais c'est quoi cette histoire de doigt et de lune ?

Sans lui répondre Cunégonde haussa les épaules et d'un air arrogant lança :

– Bah... on se verra au tribunal. Je vais prendre un avocat qui va la plier en deux cette juge de mes fesses.

– Eh ben... il a intérêt à être un ténor du barreau et même un magicien ton avocat, parce qu'avec le délit successoral la justice ne rigole pas !

– Tout de suite les grands mots ! D'ailleurs tu ferais bien de baisser d'un ton si tu ne veux pas que je porte plainte contre toi pour diffamation. Maman m'a donné cet argent, c'était sa volonté, et si vous êtes jaloux tous les deux ce n'est pas mon problème ! Quand je pense que tu as déposer plainte contre moi. Mais je suis sûre que c'est ce **con** de notaire qui t'a mis cette idée en tête. Té vé... vous faites la paire !

– Es-tu sûre d'avoir des diplômes au moins... parce que je me demande si tu as seulement un cerveau. Tu devrais t'en faire greffer un... en ce moment il y a les soldes. Tu ne réalises même pas que tu as commis des infractions graves et qu'à cause de tes conneries tu vas passer à la barre devant la Juge Chastagne qui a la réputation de crucifier les contrevenants en ce qui concerne la criminalité financière. Et dis-toi bien que ce que tu as fait n'est ni plus ni moins que du détournement de fonds.

– Eh bien ça... il faudra le prouver ma cocotte !

– T'inquiète, j'ai constitué un dossier épais comme les évangiles et le jour **J** je déballerai tout au grand jour.

– Pauvre...pauvre folle ! Tu oublies que quand tu étais petite, c'est moi Cunégonde, ta cadette, qui te défendais quand les morveux de l'école t'emmerdaient en les prenant à la castagne. Même que l'instit avait dis à maman qu'il n'avait pas besoin de surveiller la cours de récréation quand j'étais là. Tu as toujours été faible, et maintenant tu crois que tu vas ma faire peur avec tes histoires de recel à la noix de pécan.... tu rêves debout !

– C'est dans les mains de la justice, et contre ça tu ne peux rien. Choisis bien ton avocat et concocte lui des cocktails à l'aspirine parce qu'il se prépare de belles migraines avec ce dossier miné. Sur ce... bien le bonsoir !

Irène, qui en avait terminé avec cet échange musclé, pris une profonde inspiration en regardant le superbe coucher de soleil qui enflammait le ciel, avant de disparaître derrière le massif de la Sainte Victoire, ce paradis de randonneurs, immortalisé par le peintre Paul Cézanne. Jeannot quant à lui, partit avec la parabole « du doigt et de la lune » dans la tête qui, comme une redondance cyclique, n'allait pas manquer de le perturber pendant plusieurs jours. La tension était forte, certes, mais pas encore à son apogée. Comme un cyclone qui prend forme à des centaines de kilomètres de l'endroit qu'il va dévaster, avec des vents d'une violence inouïe et provoquant des raz de marée et des tsunamis ravageurs... le pire allait arriver.

L'avocat

Cunégonde fit appel à l'avocat Corse Ange Casanova, qui avait l'habitude de croiser le fer avec la Juge Chastagne. Il accepta immédiatement de défendre la cadette, en qui il reconnu son égal en matière de magouilles, bien que cependant, il émis quelques réserves quant à l'issu du procès. Personnage haut en couleurs, celui-ci faisait la navette entre le continent et la ville de Bastia qui l'a vu naître, où il recevait les doléances d'autochtones (quelques fois apparaissant masqués dans des vidéos) dont le dynamitage de quelques demeures ne convenant pas à leur conception de l'occupation de leur île, faisait ***la une*** des médias. Ange Casanova connaissait tout ce beau monde et la pègre locale faisait immanquablement appel à ses services pour faire acquitter les truands qui ne manquaient jamais de se rendre à l'église Saint-Jean-Baptiste, dressée juste derrière le vieux port, afin d'assister à l'office du Dimanche et d'allumer un cierge rédempteur. Le gaillard d'un mètre quatre vingt quinze et pesant plus d'un quintal se distinguait par une tchatche que les italiens les plus prolixes pouvaient lui envier. Aussi craint qu'admiré, le colosse, quand il revêtait sa robe d'avocat, était encore plus impressionnant avec ses effets de manche faisant penser à un moulin à vent, décochant ses traits verbeux et ampoulés par lesquels étaient exposées ses demandes et "prétentions" et ses défenses, en présentant les faits et les preuves qui sont destinées à emporter la conviction du tribunal d'une manière tellement alambiquée, que seules les personnes ayant fait six années d'études après le BAC et ayant un master pouvaient prétendre à en comprendre la teneur (et encore). Si le verbe correspondant est "plaider", il ne s'appliquait qu'aux explications données, et ne s'appliquait pas à l'argumentation réservée au représentant du Ministère public. Car dans ce cas, Maître Ange Casanova sortait le grand jeu, les murs des prétoires résonnant encore de ses phrases heuristiques. Le "droit de plaidoirie" étant une contribution financière qui est due pour chaque intervention réalisée par l'avocat, chaque fois que la plaidoirie a lieu à l'occasion d'une audience donnant lieu à une décision, il est facturable au client et il est récupérable sur la partie condamnée aux dépends. Dans les affaires pour lesquelles la partie bénéficie de l'aide juridique, le droit de plaidoirie est à la charge de l'État. En d'autre termes : puisque Cunégonde avait les moyens de payer son avocat, Maître Ange Casanova, vu les tarifs qu'il pratiquait, allait certainement la plumer.

Comme dans l'œil d'un cyclone, quelques jours s'écoulèrent sans qu'il ne se passa rien. Puis, les résultats de l'expertise psychiatrique furent révélés à chacun par courrier recommandé. Ainsi Cunégonde put découvrir que se prenant pour une personne ressource et de référence, elle était égotique, vivait dans son monde, où tout devait y fonctionner comme elle le voulait, sous peine de déclencher l'apocalypse. C'était le tableau clinique dressé par le Dr Bayoque à l'issue de l'examen pratiqué sur la cadette. En ce qui concernait Irène, il ne ressorti aucune pathologie avérée. Quelques jours plus tard, Ce fut au tour de Jeannot de se soumettre à l'examen médical. Quelques tests furent pratiqués, dont un, des plus fameux, à savoir le test de Rorschach, qui consiste en toute une une série de planches graphiques présentant des taches symétriques, non figuratives, qui sont proposées à la libre interprétation de la personne évaluée. Analysées ensuite, les réponses fournies servent à évaluer la personnalité du sujet. Jeannot ayant cru bon de dire qu'il ne voyait qu'une vulgaire tache là où tout le monde voyait un papillon, le diagnostic fut sans appel, le psychiatre déclarant tout de go : « - Cet individu à le QI d'une pintade voire d'un bulot marin ! » Madame Régali l'avait d'ailleurs surnommé, tout comme le héros de la bande dessinée : « G*ai luron et la joie de vivre.* »

Les expertises atterrirent sur le bureau de la magistrate en charge de l'affaire Régali, et tout semblait être en place pour le dernier acte de la pièce mais c'était sans compter sur les rebondissements à venir. Maître Casanova avait demandé à la cadette de tremper sa plume dans l'audace afin de préparer une missive à l'attention de la Juge, dans laquelle elle devait présenter les faits suivants : *Ma sœur n'a fait que jeter l'opprobre sur moi et a lézardé la confiance qu'il y avait entre mon frère et moi. Cette histoire de chèque n'est qu'une façon de plus de déverser sa bile et de nuire à l'entente familiale. Ma mère, Madame Régali, ayant toute confiance en moi pour gérer ses comptes, m'avait donné carte blanche pour superviser son budget. Comme vous le savez, pour prouver le recel successoral, il est nécessaire de réunir deux différents éléments. Il faut en effet mettre en évidence un élément* ***matériel*** *et un élément* ***intentionnel****. Tout d'abord l'élément* ***matériel*** *qui constitue la preuve qu'un recel a eu lieu n'existe pas. De chèque, il n'y a toujours aucune trace...en tous cas pas à la banque, ni sur les talon du chéquier de ma mère. Mais peut-être qu'il s'est perdu, et qu'un jour avec ses petites jambes, il va revenir se présenter au guichet. Quant à* ***l'intention,*** *Madame la Juge, je ne pense qu'au bien être de mon frère et de ma sœur puisque je leur ai même proposé de créer une S.C.I afin de garder le bien familial et de vivre ensemble dans la maison de nos chers parents. Quant au transfert d'argent de compte à compte, il ne s'agit que du renflouement du compte courant de ma mère, avec de l'argent provenant d'une autre banque, qui soit dit en passant et sans vouloir la nommer, propose le taux d'intérêts le plus ridicule qui soit. Les fraudes au moyen desquelles un héritier cherche au détriment de ses cohéritiers à rompre l'égalité du partage, soit qu'il divertisse des effets de la succession en se les appropriant indûment, soit qu'il les recèle en dissimulant sa possession étant tenu d'après la loi, de la déclarer, constituent un délit. Sauf que dans le cas présent, je n'ai en aucun cas, rompu l'égalité du partage.*

Madame la Juge, je vous prie d'agréer mes salutations distinguées.

Une fois qu'elle eut terminé, Maître Ange Casanova lui dit d'un ton sentencieux que ses écrits, comme une bouteille balancée à la mer, avaient autant de chance d'influencer positivement la Juge Chastagne, qu'un enfant de 3 ans pouvait comprendre une équation du troisième degré, c'est à dire sur une échelle graduée de un à dix, l'équivalent de zéro chance. Mais que cela valait quand même le coup d'essayer, pour gagner du temps (pensant bien sûr à ses honoraires). La cadette se dit alors qu'elle se préparait un bel ulcère à l'estomac, car si son avocat véreux doutait lui-même de l'issue de cet imbroglio, n'étant pas capable avec ses ruses de déminer le terrain, elle risquait de tout perdre.

Quelques jours après, nouveau coup de théâtre. Irène retirait sa plainte écœurée par la mauvaise foi de la cadette, choisissant de baisser les bras devant l'innommable, Irène abdiquait et renonçait donc à se lancer dans un procès pour recel successoral, qui pouvait traîner en longueur. Toutes les charges retenues contre Cunégonde étaient donc abandonnées. Le notaire informé, ne trouvant plus de raison de bloquer la vente du bien familial, donna son accord pour que les héritiers puissent chercher des acquéreurs.

La messe était dite.

La visite

C'est par un Samedi printanier que Cunégonde, ayant eu le feu vert pour faire visiter la demeure familiale, avait donné rendez-vous à un couple de retraités Basques. Ils arrivèrent avec une heure de retard ce qui porta la tension nerveuse de la cadette à son comble. Elle piaffait d'impatience en attendant les potentiels clients, lorsqu'elle aperçut l'adjoint au maire qui passait dans la ruelle au dessus de la maison. Son sang ne fit qu'un tour quand il s'adressa à elle :

– Qu'est-ce que tu fous là Cunégonde ?

– J'attends des clients...

– Ah ça y est... vous allez pouvoir vendre ?

– Si on te le demande tu diras que tu n'en sais rien !

– En tous cas, le jour de la vente je serai quand même là pour signer la convention d'occupation du domaine public.

Cunégonde rétorqua avec un rire nerveux :

– J'en parlerai à mon cheval, il a le téléphone sous la queue !

Jean Piètre s'éloigna d'un pas vif sans demander son reste. Timing parfait, les visiteurs arrivèrent sur ces entre faits. Après un rapide échange de politesse, la visite commença. La première pièce qu'ils virent en entrant, fut curieusement la salle de bain et la cadette s'exclama sans rire :

– Alors, comment la trouvez-vous ? Elle a été entièrement restaurée par un plombier polonais !

Devant leur expression ébahie, elle rajouta d'un ton sec :

- ***Quoi...Qu'est-ce qu'il y a ?! Vous n'aimez pas le vert ? Tant pis continuons !*** Toujours à votre gauche vous avez la cuisine dans un état déplorable, vu que c'est mon beau père qui avait des goûts de manouche qui a cru bon de la rénover. Je ne vous dis pas le pognon qu'il va falloir injecter la dedans. Jugez par vous même. Mais poursuivons. A votre droite la salle de séjour... qui est bien trop exiguë comme vous pouvez le constater. Il vous faudra casser des murs et des cloisons pour agrandir. Mais c'est vous qui voyez...

Le retraité lui dit alors timidement :

- Mais enfin, ce sont des murs porteurs que vous avez là...

- Je suis spécialiste dans mon domaine qui est le BTP, étant ingénieur béton, et je vous affirme que vous pourrez y aller sans soucis. Il vous suffira de poser des poutrelles en acier IPN.

- Mais dans une maison en pierres ça va dénaturer le bien...
- Attendez la suite, vous allez voir qu'il n'y a pas besoin de ça pour le dénaturer le bien.

  Le couple échangea un regard interrogateur se demandant si cette femme avait toute sa raison.
- Maintenant regardez... tout à l'air de bien fonctionner, mais ne vous y trompez pas... il y en a au moins pour 7000 euros de travaux d'électricité. Et attention... aucune prise n'est à la terre. Danger imminent ! Si vous voulez bien me suivre dans l'autre pièce. En levant les yeux vous apercevrez des traces d'humidité et...
- Ah bon parce qu'il pleut dans la maison ?
- Oh ben... c'est plus un toit, c'est une passoire depuis qu'un abruti de maçon a oublié de poser les tuiles de rive !
- Mais dites, c'est qu'avec les problèmes électriques il y a des risques d'électrocution !
- Oh rassurez-vous, ici nous avons 300 jours de soleil par an. Il ne pleut quasiment jamais. Il vous faudra sans doute refaire le sol du salon, car lors du constat énergétique l'expert a trouvé de l'amiante. Mais bon... tant qu'on ne la remue pas.

A ce stade de la visite Madame Etcheverry ne savait plus comment se mettre, ni quoi toucher. Prise de panique elle avala un cachet non identifié tandis que son mari s'épongeait le front d'un air ahuri. Il songea à tous ces kilomètres qu'ils avaient fait pour venir visiter ce qui s'apparentait plus au Musée des horreurs, qu'à la maison de poupée décrite sur l'annonce. Il se dit ironiquement, qu'en partant il ne faudrait pas oublier le guide. Mais Cunégonde, ne lâchant pas l'affaire, leur proposa de visiter le sous-sol aménagé. *Autant dire les oubliettes* se dit Madame Etcheverry qui, s'attendant au pire, dit à son mari qu'elle préférait attendre à l'étage, alors qu'il allait devoir sonder comme une baleine pour suivre Cunégonde au sous-sol, afin de continuer la visite.

– Attention à la marche, l'escalier est si raide, qu'il me fait penser à l'Auberge de Peyrebeille...vous savez, l'auberge rouge... accrochez vous bien à la rampe sur votre droite. Si vous dévissez, vous allez vous fracasser le dos. C'est ce benêt de maçon qui à l'époque a raté lamentablement toutes les marches. Sur votre gauche se trouve à présent la première chambre d'où se dégage, comme vous pouvez le constater, une odeur de moisi due à des infiltrations d'eau récurrentes.

– Ah bon, et vous ne pouvez rien y faire vous qui êtes du métier ?

– Il n'y a rien à faire... il faudrait tout casser. La deuxième chambre, c'est la plus saine, mais quelques fois on y voit passer des rats... gros comme des ragondins, car il faut vous dire que c'était l'ancienne cave que mon père a transformée en habitat.

Tout à coup la voix de la femme de Monsieur Etcheverry lui parvint de l'étage : *chéri demande où sont les toilettes !*

Cunégonde répondit à la volée :

– A côté de la salle de bain ! Mais surtout ne tirez pas la chasse d'eau car elle est cassée et la cuvette déborde et vous risquez d'avoir les pieds dans l'eau... et alors gare a l'électrocution !

L'envie de se soulager de Madame Etcheverry lui passa aussi sec, et elle se figea sur place, livide.

La cadette lança alors d'une voix enjouée : « - Eh bien cher Monsieur, continuons la visite tous les deux car votre femme a semble t-il renoncé. Nous avons le studio à voir. Je vais ouvrir la porte mais baissez la tête car le plafond fait « le ventre », parce qu'il y a eu un affaissement du plancher supérieur. » Il pénétra alors en se courbant comme un mineur dans une galerie et au bout d'un couloir étroit et mal éclairé, il arriva à une charmante pièce de 15 mètres carrés que le retraité regarda avec soulagement, se disant qu'enfin, il se trouvait peut-être dans un havre de paix et de salubrité. Un second escalier fut pris pour accéder enfin à la salle du studio lorsque son pied heurta un tuyau de cuivre qui dépassait de la dernière marche. Il s'étala de tout son long face contre le sol et son dentier fut projeté sous un vieux canapé qui trônait dans la pièce : « - Je suis désolée ! C'est ce con de plombier qui a fait un travail d'assassin. Il a cru bon de laisser les tuyaux apparents dans toute la baraque ! » A quatre pattes Monsieur Etcheverry, n'écoutant pas la cadette cherchait désespérément son dentier sous le canapé. Cunégonde cria alors d'une voix stridente : « - ***Ne touchez pas au canapé ! C'est un vieux clic clac usagé et vous risquez de vous retrouvé pris en sandwich entre le sommier et le matelas !*** » Dans un ultime effort, il tendit le bras à tâtons pour enfin récupérer l'indispensable sourire artificiel sa décision étant prise de remonter au plus vite à l'étage afin de sortir avec sa femme de ce cauchemar. Il se dirigea vers l'escalier mais Cunégonde, pour qu'il se remette de ses émotions, l'invita à se rafraîchir dans la salle de bain du studio. A contre cœur, il accepta et lorsqu'il ouvrit le robinet, il y eu un grand bruit dans la tuyauterie et la pression arriva d'un coup. Un jet d'eau glacé l'inonda de la tête au pieds. Comme il titubait, hagard il tomba à la renverse sur l'abattant des WC qui s'affaissa sous son poids, le coinçant dans la cuvette. Les fesses trempées, et malgré tous ses efforts pour se sortir de là, il du demander l'aide de Cunégonde pour extirper son postérieur de la froide faïence. Mais la cadette minimisant ces incidents, précisa que la visite n'était pas terminée tandis que le malheureux retraité dégoulinant, ajustait tant bien que mal son dentier. Ils descendirent donc encore trois marches ce qui fit dire au visiteur d'une voix sifflante :

– *Ma parole... mais f'est la défente aux enfers !*
– Mais non, vous verrez, ici c'est un petit paradis. A condition de faire quelques travaux par ci par là, mais suivez-moi...

Elle ouvrit la porte vitrée du studio qui donnait sur une jolie terrasse. Là d'un large geste de la main elle lui désigna la partie privée, portion congrue, et celle plus large où il ne devait pas mettre les pieds, étant sur le domaine public. Elle se tourna vers lui d'un air cynique, et lui demanda :

- Alors, toujours intéressé ?

- Et vous en voulez combien de votre maison ? Sur l'annonce il y avait écrit à débattre... et j'avoue que je commence à comprendre pourquoi.

- Remontons à l'étage pour vous sécher, et nous en discuterons avec votre épouse. Nous pourrons nous installer sur le balcon pour en parler tranquillement en profitant de la vue imprenable.

Madame Etcheverry se dit qu'au moins sur le balcon, elle ne risquait pas l'électrocution. A demi rassurée comme elle portait son regard sur la maison mitoyenne de la famille Régali, elle demanda pourquoi la terrasse voisine empiétait autant sur la maison de Cunégonde. Ce à quoi la cadette répondit :

- Oh ça... c'est la voisine qui s'est un peu étalée sur le domaine public et sans autorisation bien sûr.
- Mais dites moi, vous êtes cernée par le domaine public ! Mais alors... finalement où serait-on chez nous ?
- Oh ben alors là c'est simple, repérez les traces fluo au sol et suivaient le parcours fléché !

Un silence s'installa. Madame Etcheverry pris enfin la parole pour dire :

- Nous allons en rester là pour aujourd'hui, car nous avons notre dose d'émotions. Nous vous recontacterons ultérieurement. Merci pour la visite... ce fut très instructif.

La cadette les raccompagna jusqu'à la sortie et s'arrêta soudain, pour clamer :

- Oh mais attendez... vous n'avez pas vu l'arrière de la maison en pierres apparentes ! Vous constaterez certes quelques irrégularités, mais c'est la faute de ce grand dadais de maçon qui a trop taquiné le pastaga et ça ne pardonne pas sous notre chaud soleil Provençal !

Le couple tournant les talons s'engouffra dans sa voiture et démarra pour disparaître rapidement, tandis que Cunégonde arborait un large sourire, car sa technique de sabordage avait été un franc succès.

Quand ce fut le tour d'Irène de faire visiter, elle se contenta de dire qu'il fallait prévoir « *quelques rafraîchissements* » comme travaux. Puis ce fut au tour de Jeannot de faire faire le tour du propriétaire. Un couple venu de Saint auban se présenta en fin d'après midi. Contrairement à Cunégonde, la visite commença par la cuisine et Jeannot ne tarit pas d'éloges sur la qualité de l'appareillage électrique alimentant la hotte et le four électrique, ayant pris soin tout en discutant, de se placer devant quelques fils dénudés afin de les dissimuler à la vue de la femme qui semblait charmée par la plaque de cuisson hight-tech. Enjouée, elle demanda si elle pouvait se faire chauffer une tasse de thé. Mais Jeannot la dissuada bien vite, car pas dupe des risques dus à la vétusté de l'installation électrique, il redoutait qu'un court-circuit ne lui soit fatal. Ils passèrent donc au salon, poussés par leur guide pressé de les faire descendre par l'escalier de tous les dangers, afin d'accéder au studio. Mais avant qu'il ait eu le temps de les prévenir de la dangerosité de l'expédition, la femme, toujours enjouée, voulu dans sa précipitation et l'excitation du moment, passer la première. Ils entendirent alors un cri suivi d'un bruit sourd, Madame Claquemure venait de terminer son salto avant pour finir sa course au pied des marches. Son mari affolé s'écria : « - ***Chérie, tout va bien ? Rien de cassé ?*** » Comme il n'y eu aucune réponse, il descendit en prenant soin de s'accrocher de toutes ses forces à la rampe pour ne pas dévisser à son tour. Arrivé en bas il trouva sa femme assise, groggy, la jupe remontée jusqu'au menton avec une énorme bosse rougeâtre sur le font. Jeannot leur lança d'en haut *: « -* Je vous avez pourtant prévenu... je vous avez bien dit de faire gaffe ! *»* Ce à quoi le mari répondit légèrement irrité : « - ***Vous ne nous avez rien dit du tout ! Venez donc m'aider à la relever !*** » Madame Claquemure, sonnée par ce magistral saut périlleux, leur dit dans un souffle :

- Où pourrais-je me rafraîchir le front ? Je sens comme une gène...
- Évidemment chérie, tu as une bosse grosse comme une boule de pétanque !

  Jeannot leur répondit gaiement : « -Mais oui bien sûr, suivez-moi il y a un lavabo dans le studio. Nous en profiterons pour continuer la visite qui vous réserve encore de belles surprises ! » Madame Claquemure, aidée de son mari, tituba jusqu'à la salle de bain du studio. Arrivés sur les lieux, comme il regardait la cuvette des toilettes il demanda pourquoi l'abattant était fracassé. Jeannot lui dit sans rire : « - Oh ça... c'est sûrement du à la dernière intervention du plombier, un sapajou qui n'a jamais réussi à finir un travail correctement parce qu'il est toujours imbibé l'animal ! » Tandis qu'il discutait avec le mari de l'agencement de la pièce, Madame Claquemure tourna d'un quart de tour le robinet et entendit un bruit étrange. Sorte de gargouillement guttural. Elle se pencha pour mieux écouter cet étrange concert au moment où la pression de l'eau, arrivant d'un coup, fit sortit le robinet de son logement. Il lui frôla le visage et alla avec force se planter dans le plafond dans un sifflement aiguë. L'eau jaillissait désormais sans interruption la trempant de la tête aux pieds. Le mari se précipita alors vers sa femme en hurlant à Jeannot qu'il fallait couper l'arrivée d'eau. Et celui-ci de répondre nonchalamment : « - Mais c'est que je ne sais pas où elle se trouve... » Madame Claquemure à moitié noyée, zigzagua jusqu'au canapé où elle s'affala de tout son long portant la main à son front endolori. Mais son répit fut de courte durée, car elle entendit soudainement un claquement... un bruit de ressort fatigué, et le clic clac se referma d'un coup sur elle, la prenant en sandwich. Jeannot se gratta la tête, se demandant s'il fallait continuer la visite. Le mari s'évertuait à stopper le geyser qui commençait à inonder la salle de bain, se disant que bientôt il lui faudrait une pirogue. Au bout de quelques minutes interminables, Madame Claquemure fit entendre des gémissements étouffés et Jeannot se mit en quête d'ouvrir le clic clac récalcitrant tout en lui susurrant des paroles rassurantes : « - *Ne vous inquiétez pas je vais vous sortir de là. Respirez profondément, ça déstresse.* » Il obtint pour toute réponse un râle étouffé et un poing vengeur qui battait l'air, seule partie à présent visible de l'anatomie de l'infortunée Madame Claquemure. Le mari réussi enfin à colmater le fuite avec son pantalon. C'est donc en slip qu'il vint prêter main forte à Jeannot qui commençait à paniquer ne voyant aucun résultat à ses efforts. Ils ne furent pas trop de deux pour délivrer la malheureuse qui ne bougeait plus et dont le visage avait viré au bleu. Après quelques gifles assénées par son mari elle reprit connaissance. D'un air hébété elle lança :

– Chéri, la visite est-elle terminée ?

– Es-tu bien sûre de vouloir continuer ?

Et Jeannot de leur dire d'une voix flûtée: « - Mais c'est indispensable vous n'avez pas vu le meilleur ! »

La femme, accrochée au bras de son mari, le sourire figé et les yeux comme des coucher de soleil, se déplaça tant bien que mal en suivant Jeannot qui leur ouvrit la porte vitrée donnant accès à la fameuse terrasse. Il leur dit alors avec un large sourire :

- Voilà le plus beau ! Vous pourrez installer une petite table avec un parasol, mais attention... elle ne devra pas excéder 80 centimètres de diamètre !
- Et pourquoi donc ?

Jeannot se retenant de pouffer leur dit :

- Parce que sinon vous serez sur le domaine public.
- Ah parce qu'il y a du domaine public en plus ?
- Oh ben pas tant que ça... allez va... disons à peu près... comme ça à vue de nez, environ dix mètres carrés. Mais vous n'aurez qu'à respecter le marquage au sol et tout ira bien.

Le mari estomaqué, allait sonner la fin de la visite mais Jeannot dans un ultime élan, leur fit part de la vue exceptionnelle offerte par le balcon et les invita derechef à remonter jusqu'à lui. De mauvaise grâce Monsieur Claquemure accepta de le suivre, poussé par sa femme qui après les chocs répétés, avait visiblement le réseau neuronal défaillant, un état étant communément appelé : « avoir un pet au casque ». Une fois arrivés sur le balcon, Madame Claquemure toujours l'air ébahi s'exclama : « - Mon Dieu quel beau panorama ! Je me vois déjà là, en train de siroter l'apéritif. Cet endroit est chargé de bonnes vibrations. » Tandis qu'elle tirait des plans sur la comète, le mari restait de marbre . Jetant un coup d'œil sur la maison mitoyenne il s'aperçut que quelque chose clochait. En effet du linge étendu s'avançait jusque sous le balcon où ils se tenaient. L'homme demanda alors :

- Comment se fait-il que la terrasse des voisins empiète sur votre maison ?
- Oh ça ? C'est la voisine. Elle a passé un accord avec maman pour s'étendre sur le domaine public sans autorisation. Mais elle a bien fait... ça fait joli hein ?

– Mais tout le monde a construit en partie sur le domaine public dans ce village !

– Oh ben c'est pas gênant. Vous paierez une convention d'occupation dont les sommes iront remplir les caisses du C.C.A.S.

– Mais c'est du racket !

– Oh non... c'est des pratiques courantes par chez-nous.

Monsieur Claquemure consulta sa montre et tirant sa femme par le bras dit à Jeannot :

– Il est tard, il nous faut rentrer sur Saint auban. Nous allons réfléchir à tout ça. J'aimerais à présent récupérer mon pantalon.

– Comme vous voulez, je me tiens à votre disposition pour une autre visite si vous le désirez. Je vous ferez parvenir votre pantalon une fois que notre plombier polonais aura réparé la fuite.

Las, le couple s'éloigna dans le couchant, Madame Claquemure des projets plein la tête, et son mari en slip tentant désespérément de la raisonner.

Jeannot ravi d'avoir conduit si rondement sa visite, s'empressa d'en informer Cunégonde qui lui passa un savon magistral lui hurlant dans le téléphone :

– ***Imbécile heureux, tu as encore fait n'importe quoi ! N'oublie pas la promesse de maman de vendre la maison à Rita !***

– Ah oui, c'est vrai que maman voulait vendre à la voisine. Mais les gens étaient enchantés et ils vont sûrement m'en donner un bon prix.

Et Cunégonde de renchérir haineusement :

– ***Quoi ? Tu ne leur a pas parlé des travaux pharaoniques a effectuer dans cette bicoque ? Mais tu es encore plus con qu'une usine à plumeaux !***

Jeannot recula l'appareil de son oreille et dit enfin :

– Oh à ce propos, rappelle vite ton plombier polonais, ça urge ! Dans la salle de bain c'est l'inondation, et si rien n'est fait, c'est pas une maison qu'on va vendre c'est une marre aux canards !

– ***Mais qu'est-ce que tu as encore foutu ? Décidément je ne peux pas***

te faire confiance.

– Pour moi ça c'est très bien passé. Je vois pas où est le problème. Cette maison, elle est vendue demain si on veut !

– ***Mais sombre crétin, à condition de trouver des gens solvables et ce n'est pas gagné vu la conjoncture. Tandis que Rita elle a les sous elle. Et puis j'ai promis à maman sur son lit de mort que c'est Rita qui l'aurait. Alors arrête de foutre la merde et fais ce que je te dis !***

Jeannot se risqua à dire ***:***

– Il faudrait peut-être en parler à Irène...

– ***Quoi ? Ne me parles plus de l'autre ! Quand je pense qu'elle avait porté plainte contre moi, ça me met la rage... il y a des torgnoles qui se perdent !*** Quelle aille au Diable et qu'elle se trouve un mec qui a envie de se dégorger le poireau ça la calmera. Quant à toi ne t'occupe plus de rien, c'est moi qui dorénavant mènerai les visites. Et puis de toute façons, Rita je vais aller la voir pour lui dire que si elle la veut toujours...***eh bien elle peut l'acheter la maison !***

– Oh tu crois ? Mais Irène a son mot à dire et elle sera pas d'accord.

– ***D'accord ou pas, on trouvera bien un moyen pour l'obliger à signer !*** Sinon on se passera de sa signature. Je demanderai à mon avocat un mandat ad hoc, et avec ça elle sera cuite et on fera affaire rien que tous les deux. ***Je vais lui envoyer un Scud dans la gueule à la frangine !***

Jeannot raccrocha. Il regarda une dernière fois la bâtisse, puis il démarra son scooter pour rentrer chez lui en pensant que le couple Claquemure allait sûrement lui donner des nouvelles avant peu et tant pis pour Cunégonde s'il arrivait à vendre le bien familial au prix fort, vu qu'il voulait s'offrir une voiture sans permis.

La voisine

Depuis longtemps, celle qui avait les dents longues et aiguisées avait des vues sur la maison de la famille Régali. De petits services en petits services, elle avait tissé sa toile en espérant un retour sur l'investissement de sa personne. Devenue une présence incontournable, Rita avait ses entrées et Madame Régali ne tarissait pas d'éloges à son sujet, son désir étant que la voisine zélée soit prioritaire après son décès pour acquérir la maison (à un prix d'ami) et tant pis si les héritiers se trouvaient de ce fait lésés de quelques dizaines de milliers d'euros. La reine mère en avait décidé ainsi, et la cadette qui s'était ralliée à cette idée faisait désormais du sabordage systématique lors des visites, mettant en avant les travaux titanesques à entreprendre pour rendre salubre le bien. Alors quand Jeannot tout joyeux, annonça qu'il avait trouvé des acheteurs et qu'ils étaient décidés à passer devant le notaire pour signer le compromis de vente, Cunégonde entra dans une colère à côté de laquelle une éruption du Vésuve aurait fait figure de pâle pétard mouillé. Elle lui donna rendez-vous sur la place du village de Tréfort.

C'est ainsi que « G*ai luron et le joie de vivre* » arriva sur son scooter. Il fit plusieurs fois, en klaxonnant, le tour de la place circulaire au milieu de laquelle est érigée une rotonde, avec à l'intérieur une statue en plâtre de la vierge marie qui semble veiller sur la quiétude des lieux à peine dérangés par les parties de boules le week-end. Fusillant du regard son frère, la cadette remontée comme un coucou suisse lui fit signe d'un grand geste que ses couillonnades devaient cesser sur le champ. Le manège s'arrêta donc et Jeannot qui venait à peine de mettre son engin sur sa béquille s'entendit dire :

- ***Pauvre fadoli ! Je t'ai pourtant dit et répété que la maison elle est pour Rita alors qu'est-ce que tu fous ? Tu vas me faire le plaisir d'annuler immédiatement cette vente absurde et de couper court avec ces gens sortis de nulle part !***
- Mais ce sont des gens biens. Lui est un ingénieur à la retraite et elle...
- ***M'en fous ! Les ingénieurs c'est tous des cons, y'a qu'a voir le bordel qu'ils nous ont foutu avec le climat !*** C'était la volonté de maman et c'est comme ça. La maison, ***c'est Rita qui l'aura point barre !*** Et je t'interdis désormais de faire visiter ! Déjà que l'autre risque de faire capoter l'affaire, avec sa folie des grandeurs, à vouloir vendre cette ruine à un prix fou !

  Une fois de plus Jeannot en pris pour son grade. Mais il se dit, avec sa logique toute simple, qu'en vendant à la voisine il ne toucherait qu'une part moindre d'héritage, et que si ça continuait, il ne pourrait bientôt se payer que les roues de sa voiture sans permis. Tout en baissant la tête, d'un air servile il fit mine de se ranger à la volonté de sa sœur. Il monta sur son scooter et en roulant, hésita jusqu'au dernier moment, ne sachant quoi faire : se résoudre à suivre les ordres de Cunégonde, et ainsi au bout du compte perdre de l'argent, ou se rapprocher d'Irène afin de chercher à vendre le bien à un bon prix. Il prit sa décision et roula jusqu'à la résidence d'Irène.

- Alors tu es venu jusqu'ici pour me dire que tu as choisi ton camp.
- Si on la laisse faire on aura plus que des miettes. Pour l'histoire du chèque et tout et tout... tu aurais dû porter plainte... comme ça elle aurait été écartée de la succession.
- Ah oui ? Et tu aurais été avec moi sur ce coup là ? Moi je crois que tu te serais dégonflé comme à chaque fois.
- Tu te rends compte que j'avais trouvé des acheteurs prêts à signer et qu'elle ne veut rien savoir, à cause de la Rita et de la promesse de maman de ne vendre qu'à elle.
- Notre sœur pour faire parler les morts, elle est forte. Il n'y a rien sur le testament qui stipule que la maison doit revenir à la voisine, alors elle n'ira pas à Rita ou il faudra me passer sur le corps avec un

bulldozer. Ils sont où tes acheteurs ?

- A Saint auban.
- Comment ils s'appellent ?
- Monsieur et Madame Claquemure.
- Oh bon Dieu tu t'es fait enfler mon pauvre Jeannot ! Ces deux là ils sont connus dans tout Saint auban jusqu'à Valderoure en passant par Soleihas pour visiter des maisons. La femme est perchée, elle à le ciboulot en carafe. Le pauvre mari rentre dans son jeu pour ne pas précipiter la déchéance de la malheureuse qui finirait sûrement à l'asile.
- Oh merde. Alors je vais peut-être revenir à la solution Rita, parce que elle... c'est sûr qu'elle a les sous pour la maison.
- Alors écoute bien Jeannot, je vais te chanter les paroles d'une chanson de Serge Gainsbourg... tu le connais quand même ?
- Oui... vaguement...comme ça...
- Bon alors écoute bien : *Écoute les orgues, elles jouent pour toi, il est terrible cet air là, j'espère que tu aimes, c'est assez beau non, c'est le requiem pour un con. C'est un joli thème tu ne trouves pas, semblable à toi même pauvre con.* Et pour Cunégonde, quand elle aura été condamnée un jour, ce qui ne saurait tarder, avec toutes ses magouilles, jusqu'à imiter l'écriture et la signature de maman pour encaisser un chèque de 5000 euros, à elle je vais lui chanter la suite : *Je l'ai composé spécialement pour toi, à ta mémoire de scélérate. Sur ta figure blême aux murs des prisons, j'inscrirai moi-même, pauvre conne !*
- Mais tu crois qu'elle l'a encaissé... le chèque ?
- Mais non pardi...elle l'a mis sous verre pour le suspendre une fois encadré au dessus de son lit. **Crétin va !** Et maintenant déguerpis et vas jouer ton rôle d'agent double en lui répétant notre conversation ! Et souviens toi des paroles de Gainsbourg... note les bien, fais toi un pense bête et punaise le au dessus de ton lit, tous les deux vous êtes directement concernés ! Et fais bien attention, car à force de tourner comme une girouette, tu risques toi aussi de finir à l'asile pour tenir compagnie à une ribambelle de fumés de la tronche que j'ai sorti de

ma vie récemment. Tu n'as toujours pas compris que Cunégonde et Rita sont de la famille des charognards, ignobles volatiles qui se nourrissent des cadavres. Allez maintenant, disparais de ma vue !

Jeannot, le visage devenu écarlate, du fait qu'Irène avait compris qu'une fois de plus il allait se rallier au « côté obscur de la force » quitta sa sœur le tête basse et l'air songeur.

Quelques jours plus tard, Cunégonde informait la voisine du fait que, hélas, une nouvelle expertise avait fait monter le prix de la maison et le montant qu'elle lui annonça, fit qu'elle déclina l'offre. La cadette, folle de rage, songea que pour amadouer Rita et se la mettre dans la poche, elle lui avait offert un week-end pour deux personnes aux Baléares. Mais tout n'était peut-être pas perdu car la fille de Rita avait pour projet de venir s'installer dans la région. Ce n'était pas tombé dans l'oreille d'une sourde.

Irène

Lorsqu'elle parla à Jeannot de l'asile psychiatrique, Irène faisait allusion à un épisode sentimental de sa vie, ne pouvant pas intéresser les tenants de la littérature rose. En effet la relation qu'elle entretenait avec un personnage pour le moins étrange, fit l'effet du souffle de la bombe Hiroshima dans sa vie bien rangée. L'individu en question, pianiste de son état, déclarait avec emphase à qui voulait l'entendre, être lauréat du C.N.P national. A ce jour, personne n'a pu établir avec certitude ce que ces trois lettres signifiaient, sinon « *le conservatoire national des plantes* ». Cette relation dura ce que durent les roses, le temps pour Irène de réaliser qu'elle était avec un mythomane de classe supérieure, classé hors concours. En effet, Irène, étant dotée d'un bel organe vocal, avait répété quelques fois avec le « *prodige* » en vue de spectacles à venir, présentés par Mario comme des événements exceptionnels dont on se souviendrait longtemps. Mais un jour, celle-ci s'aperçut, ainsi que d'autres interprètes, que celui qui se présentait comme un pianiste émérite, était incapable de lire une partition, ce qui créa la consternation générale, Mario déclarant : « - *J'ai mal dormi, je ne sais pas ce qui m'arrive, car d'ordinaire, je vous lit ça comme le canard enchaîné.* » Cette explication foireuse ne convainquit personne et il en était terminé de la répétition et des promesses de gloire. Malgré tout, Irène aveuglée par ses sentiments accepta de partir en tournée avec celui qui se prenait pour Chopin. Ayant remplacé les partitions par des grilles d'accords simplistes, lorsque Irène chantait on avait la nette impression qu'il jouait autre chose que le thème qu'elle interprétait. Ce duo improbable ne remplissait pas les salles loin de là. Cependant, la médaille du mérite revenait à Irène qui arrivait quand même à chanter, au milieu d'une cascade de notes insipides et à contre temps. Plantée sur scène, stoïque, elle continuait sa prestation en pensant que le premier arrivé attendrait l'autre, foudroyant du regard son accompagnateur sans génie. Il se trouvait que Mario était aussi le trésorier de l'association qu'ils avaient crée et qui avait pour nom « *les désaccordés* ». Au bout de quelques temps, Irène étant présidente, voulu vérifier la comptabilité aidée en cela par Rikita la secrétaire de l'association avec qui Irène chantait parfois en duo. C'est au cours d'une prestation désastreuse, où Mario leur avait demandé de chanter sans sonorisation en plein village du marché de Noël où le bruit de fond des passants et des attractions couvrait leurs voix, que celui-ci les insulta copieusement en les traitant de : « - G*rosses connes incompétentes incapables de chanter sans micro.* » Rikita, révoltée après cet incident décida qu'il était temps de mettre le nez dans la comptabilité, ne voyant toujours pas venir le défraiement de ses frais de déplacements, malgré ses nombreuses demandes répétées. Aussi un soir, décidèrent-elles de se plonger dans les comptes. Quelle ne fut pas leur surprise de découvrir que Mario détournait des sommes de plus en plus importantes qu'il justifiait en prétendant avoir des frais. La pression se faisant de plus en plus forte, lors d'une réunion extraordinaire, il fut démasqué, preuves à l'appui. Il perdit d'un coup de sa superbe se dégonflant comme une baudruche, la mine grisâtre, le regard perdu, ce qui fit dire à la secrétaire : « - *Mon Dieu nous allons le perdre* ! » Mais Irène lui rétorqua en souriant : « - *T'inquiète pas, les escrocs ont la couenne dure !* » Il resta affalé sur la chaise donnant l'impression d'avoir cent ans, la bave aux lèvres et la main tremblante.

Mario finit par avouer les détournements. La secrétaire saisissant l'occasion lui intima l'ordre de sortir son chéquier et de régulariser la situation, ce qu'il fit en maugréant. N'ayant pas compris qu'une dissolution était inévitable il leur proposa dans un sursaut pathétique de changer le nom de l'association et de repartir à zéro. Consternées par son aplomb elles refusèrent tandis qu'il insistait lourdement, ce qui fit comprendre à Irène que le sieur Mario présentait des signes de démence précoce et qu'il était temps pour elle de mettre fin à leur relation. Comprenant qu'il avait perdu la partie, il leur présenta un vieux plateau où trônaient des bouteilles de sirop au trois quart vides, afin de célébrer le verre de l'amitié. Devant ce spectacle consternant, elles quittèrent les lieux une fois pour toutes.

Mario Gribaldi fortement secoué par cet épisode s'accrocha encore un temps à Irène, avant de sombrer dans les méandres de sa psychose, qui devait le conduire entre les murs de l'Ordre hospitalier des Frères de Saint-Jean de

Dieu, où il était suivi par le docteur Bayoque, au pavillon bleu des grands agités clamant, en phase avancée de sa folie douce, qu'il continuait de jouer avec ses joyeux camarades musiciens, pendant que le Titanic sombrait.

Éprouvée par ce pénible vécu, Irène se fit le serment de ne plus jamais frayer avec le genre masculin.

Les grandes eaux

Une visite fut à nouveau organisée par Irène, plus que jamais décidée à couper l'herbe sous les pieds de sa sœur. C'est donc par une journée maussade, alors que le ciel était zébré d'éclairs, qu'un couple gara son véhicule devant la maison. Il en sortit une jeune femme maigrelette aux genoux cagneux avec un faux air à la Jane Birkin, suivi d'un garçon boutonneux qui se mit à faire plusieurs fois le tour de la voiture de sport visiblement en proie à des tocs. Irène les accueillit avec le sourire les priant d'entrer dans la demeure. La visite commença par la salle à manger, et tout de suite le couple fut séduit par l'aspect de la pièce à vivre, qui, d'ordinaire, précisa Irène : « - Est inondée de lumière vu que la maison est exposée plein sud. Vous pouvez voir par la fenêtre, que la vue est splendide et ce, quel que soit le temps. » Au moment où elle allait les inviter à poursuivre elle vit avec stupéfaction le garçon tourner l'interrupteur de la pièce, éclairant celle-ci puis l'éteignant à plusieurs reprises dans un geste frénétique. Un ange passa. Sa compagne s'empressa de signaler que son comportement était dû à des tocs, et Irène pour le calmer proposa que la visite continue par la descente de l'escalier. Elle lança à la cantonade : « - Je passe devant afin de vérifier si l'escalier n'est pas piégeux, car il arrive que la femme de ménage cire les marches ce qui les rend particulièrement glissantes. Tenez vous bien à la rampe et tout ira bien. En bas se trouvent les chambres, petites mais charmantes et bien agencées, avec des placards et... » Au moment où Irène disait cela elle entendit un bruit venant de la chambre. Elle s'avança et alors vit le garçon en train d'ouvrir et de refermer compulsivement les portes d'un des placards. Au bout d'un moment, sa compagne se décida enfin à faire cesser le va et vient en assénant une claque sonore à celui qui en garda la joue en feu pendant un moment. Arrivant dans l'autre chambre Irène leur fit constater qu'il n'y avait aucune trace d'humidité et que la maison était saine, car bâtie sur le rocher depuis plus de cinq cents ans. Les yeux des visiteurs brillèrent d'étonnement et d'admiration, mais en levant la tête il virent que le plafond faisait le « ventre ». La jeune femme demanda alors :

- Cela ne risque t-il pas de s'effondrer un jour ?
- N'ayez aucune crainte car un maçon, meilleur ouvrier de france, a certifié que c'était sans danger, à condition toutefois qu'une personne à la fois se trouve dans la pièce au dessus...et pas trop lourde si possible.

  Fort de ce renseignement ils pénétrèrent dans le studio et Irène leur fit remarquer que les robinets ainsi que l'abattant des WC avaient été changés suite à un léger incident survenu lors d'une précédente visite et que si le garçon voulait rafraîchir sa joue meurtri il pouvait le faire. Ce fut sa compagne qui saisit l'occasion avant lui. S'approchant de la vasque supportée par un pied, elle fut prise d'un coup de jus, qui est souvent synonyme de nerf qui se fait coincer dans un muscle, et sa jambe se détendit d'un coup brusque venant heurter de plein fouet la colonne sur laquelle la vasque reposait et celle-ci poussée par la ruade sortit de son logement. La jeune femme qui perdit l'équilibre s'appuya sur la vasque qui se trouvait désormais dans le vide, la descellant du mur entraînant avec elle les tuyaux de cuivre jusqu'à la rupture. Ce fut à nouveau l'inondation et le sauve qui peut général. Irène remonta précipitamment pour fermer la vanne de l'arrivée d'eau tandis que le couple pataugeait. Le garçon lança alors ironiquement : « - *Maintenant je crois que l'on peut dire qu'il y a des traces d'humidité évidentes !* » Irène redescendit aussitôt et ouvrit la porte du studio donnant sur la terrasse. A peine celle-ci ouverte, l'eau s'engouffra par l'ouverture en suivant la pente douce jusqu'au bord du mur et se déversa sur la rue. Au même instant par un hasard malheureux, l'adjoint au maire qui passait juste en dessous, reçu le flot glacé qui l'inonda entièrement. Il s'écria d'une voix tremblante :

- Mais qu'est-ce qu'il se passe ici ?! C'est les grandes eaux de Versailles !
- Juste un petit problème de fuite. Rien de bien méchant, notre plombier polonais va réparer ça au plus vite !

- Ah... mais tu es en peine visite. N'oublie pas que c'est moi qui viendrais pour signer la convention d'occupation du domaine public.

Entendant cela, le couple interrogea Irène à ce sujet et sa réponse fut la suivante : « - C'est juste un détail sans importance. Un simple jeu d'écriture qui va donner de la plus-value à votre éventuelle future maison. » Naïvement, le jeune couple qui n'entendait rien à ces considérations administratives, ne fit pas cas de cette information. La visite s'acheva dans la bonne humeur, et ils promirent de donner leur réponse rapidement, étant enchantés par le côté pittoresque de la demeure provençale. Ils s'éloignèrent vers leur véhicule et Irène qui avait rejoint l'adjoint au maire avec des draps de bain, observa le garçon boutonneux qui fit le tour de la voiture quatre fois avant d'ouvrir la portière et de démarrer. L'adjoint dit alors en riant :

- Eh ben... je ne sais pas où vous les trouvez vos acheteurs potentiels, mais ils n'ont pas inventé l'eau tiède . »
- Oui... eh bien pourvu qu'ils me signent un gros chèque, le reste je m'en fiche royalement.

Sur ces dires, elle alla refermer la maison et rentra chez elle satisfaite.

L'inventaire

- Si je refuse de signer je peux prendre tout mon temps puisque je dispose de dix ans à partir de la date d'ouverture de la succession pour signer les documents relatifs à sa clôture, sans pouvoir y être contrainte par vous autres les autres héritiers. Je n'émargerai donc pas les documents de la vente. ***Tu peux t'asseoir sur ma signature !***
- Tu t'en sors bien, vu qu'il y a eu cette histoire de mur et de terrasse sur le domaine public qui a foutu le bazard depuis le début. Et à présent cette nouvelle malversation avec le chèque...
- Et alors... tu as retiré ta plainte que je saches ! Et le notaire a donné son feux vert pour la vente de la maison, alors ne me serine pas avec tes histoires à dormir debout.
- En somme tout va bien dans le meilleur des mondes sans y laisser des plûmes. Mais comme tu le sais, un inventaire des objets et des meubles est prévu pour Jeudi prochain. Tu seras présente ?
- **Un peu oui !** Puisqu'on m'oblige à me rallier à vous pour vendre cette bicoque à un prix exorbitant. Vous n'avez même pas prévenus les futurs propriétaires du fait qu'il fallait déduire le prix des travaux à effectuer dans cette antre insalubre. Je sais bien qu'un pigeon se lève tous les matins, mais quand même.
- Il est plus que temps d'en terminer avec cette histoire de succession qui prend la tête à tout le monde depuis des mois ! Jeannot ne pense plus qu'à sa voiture sans permis et il feuillette pendant des heures les catalogues des constructeurs pour choisir la couleur de sa voiturette. Si la vente traîne encore, il va péter un plomb et il y a du soucis à se faire pour sa santé mentale.
- Tu crois pouvoir me prendre par les sentiments... mais c'est peine perdue

ma cocotte. Le Jeannot il va très bien et je veille sur lui, comme maman me l'a encore demandé quand elle été dans la salle de transit... avant le grand départ, allez simple pour le nirvana.

- Je te signale que maman, au cas où tu l'aurais oublié, était catholique et non Bouddhiste.
- Bah, le passage de l'autre côté n'est ni plus ni moins que l'extinction de tous les désirs de ce monde, libérant la condition humaine de la souffrance, de l'illusion et de l'ignorance. A ce propos, Marcel m'inquiète il n'a plus que 2 de tension et souffle comme un bœuf au moindre effort. Ça sent le sapin pour lui et avec ton histoire de funérarium qui a explosé à cause d'un pacemaker oublié, il a changé d'avis et veut désormais se faire enterrer entre quatre bonnes planches. Mais j'ai pris soin d'assurer mes arrières en lui faisant signer, pendant qu'il est encore un peu lucide, des documents me mettant à l'abri pour un moment. Il m'inquiète d'autant plus que figure toi que notre chat *Pompon* est mort il y a trois semaines, et que Marcel l'a mis au congélateur au milieu des surgelés Picards ne pouvant se résoudre à l'enterrer. Comme nous avions besoin de place il l'a déplacé jusqu'au compartiment congélateur du frigidaire où il est resté quelques jours avant de réintégrer sa chambre frigorifique grand modèle. Je l'ai surnommé « hiberchatus ». C'est à croire que Marcel voulait le préserver jusqu'à ce que la science ait suffisamment progressé pour le ramener à la vie. Avant hier je lui ai mis la pression pour qu'il enterre enfin la bête. Il a mis *Pompon* dans une glacière pour le transporter en voiture jusqu'au petit bois situé derrière chez nous. Je me suis sentie délivrée à l'idée de ne plus voir cette bête à poils roux à chaque fois que j'avais besoin de cuisiner du surgelé. Une heure plus tard la glacière était de retour avec dedans *Pompon,* cet abruti de Marcel n'ayant pas eu le courage de mener à bien son expédition. Notre chat réintégra donc sa résidence givrée, le nez tout proche du poisson pané et des filets de cabillaud de la marque Findus. Finalement aujourd'hui, profitant de la visite hebdomadaire de Marcel chez son toubib pour des examens, c'est moi qui ai mis la bête en terre.
- Eh bien paix à son âme. Mais pour en revenir à notre sujet, tu dois savoir que pour toute succession, comprenant un bien immobilier lorsque le montant de la succession est égal ou supérieur à 5000 €, on doit se rapprocher du notaire afin qu'il réalise un bilan complet du patrimoine qui peut être constitué de biens immobiliers, de liquidités disponibles sur des comptes bancaires ou livrets d'épargne, mais aussi de meubles, de bijoux,

et de la vaisselle par exemple. Il faut savoir qu'en l'absence d'inventaire, l'ensemble des biens meublants le patrimoine immobilier est évalué de manière forfaitaire alors que si on décide de faire réaliser un inventaire, la valeur de ces biens sera évaluée selon leur valeur réelle et non forfaitaire.

- Eh ben dis donc... c'est à croire que le code civil est devenu ton livre de chevet !
- Réaliser un inventaire permettra donc d'évaluer précisément l'actif de la succession, et donc la valeur de l'ensemble du patrimoine laissé par maman.
- Jeannot devra être présent alors...
- Tout à fait...
- ***Mais tout ça va prendre un temps fou !***
- En effet, une fois l'inventaire terminé, celui-ci sera annexé à l'acte notarié.
- Bon... Ben qu'on en finisse avec tout ça et que chacun reprenne sa vie !
- Je ne te le fais pas dire. A Jeudi donc.
- C'est ça... mais je te préviens à l'avance que la collection de livres rares de Victor Hugo... **elle est pour moi !**

Irène coupa court à la discussion qui allait s'avérer être, une fois de plus, à couteaux tirés. Elle songea alors que dans la maison il y avait toujours deux fusils que son père avait jadis acheté pour aller à la chasse avec ses amis du village. Une paire de questions la tarauda soudainement... étaient-ils enregistrés légalement et surtout, étaient-ils toujours chargés. Nul pour l'instant ne pouvait le dire avec certitude. Irène qui voulu en savoir plus à ce sujet, profita d'un passage à Tréfort pour chercher dans la maison familiale un document, un certificat d'achat prouvant que ces armes avaient été déclarées en bonne et due forme. Elle ne trouva rien. Elle releva alors les caractéristiques et les références de chacun des fusils pour faire des recherches sur la valeur qu'ils pouvaient avoir. Voulant faire les choses dans les règles, elle décida de se rendre à la gendarmerie afin de parler de cette situation à une personne responsable et avisée. Elle fut reçue par le brigadier chef, Martin Phaloïde qui en se frisant la moustache lui dit :

- Pour acheter une arme de catégorie C, on doit faire une déclaration en bonne et due forme. Ensuite l'armurier ou le courtier agréé transmet la déclaration à la préfecture.
- Il se trouve que je n'ai pas ces documents. C'est mon père qui avait acheté ses fusils et apparemment, cela s'est fait sans preuve d'achat.

- Ah... tout d'abord comment sont-ils ces fusils ?
- Comme des fusils, avec une crosse et un canon...
- Certes, mais comment sont-ils ces canons ? Superposés ou juxtaposés... calibre 12 ou 20 ? Des règles s'appliquent pour conserver des armes à domicile.
- Quelles règles ?
- Il vous faut retrouver l'armurier qui a vendu ces armes à votre père. Il est où votre père ?
- Au boulevards des allongés...
- Euh...ah oui. Évidemment ça complique un peu les choses. Sans document officiel et sans le nom de l'armurier, vous êtes mal. Le mieux est de les garder chez-vous et surtout de ne rien dire à ce sujet.
- Il y a un autre problème... je ne sais pas si ces fusils sont encore chargés. Et comme un inventaire doit avoir lieu Jeudi suite à une succession, je ne voudrais pas qu'il arrive un accident en les manipulant.
- Je vois. Le mieux serait alors de les mettre dans votre voiture et de les déplacer le temps que l'inventaire se fasse. Mais des règles s'appliquent pour transporter des armes.
- Quelles règles ?
- S'assurer que les armes ne sont pas chargées...
- …
- …
- Vous ne viendriez pas voir par vous même si ces armes ne présentent aucun danger ?
- Vous savez, si on devait faire le tour de toutes les maisons dans lesquelles il y a des armes en France, il faudrait un bataillon de fonctionnaire dédiée uniquement à cette fonction. Il y a plein de formulaires à remplir et des fiches CERFAT dont une, pour les armes de chasse de catégorie C qui porte le numéro 12650 dont les gens se torchent le derrière, passez moi l’expression, car il y a très peu de ces documents dûment remplis qui arrivent en préfecture.

Elle ouvrait des yeux comme des soucoupes à l'écoute du brigadier qui ne détournait pas le regard de son décolleté, et elle compris qu'elle ne pourrait plus rien tirer de cet homme appartenant au rang de la gendarmerie nationale qui lui conseillait, en toute illégalité, de conserver des armes, peut-être encore chargées chez elle. Irène se dit alors que la Maréchaussée, corps dépendant du ministère de l'intérieur, était beaucoup plus calée pour dresser des PV et faire sauter des points sur son permis de conduire, que pour l'aider à résoudre son problème de fusils. Elle sortit de la gendarmerie consternée. Tout en roulant pour rentrer chez elle, elle songea alors à une solution.

Les fusils

C'est dans la fraîcheur du soir qu'Irène arriva au village de Tréfort. Elle arpenta les rues pour monter jusqu'à un promontoire au sommet duquel en hiver, les habitations dont les pièces sont éclairées, font penser à une crèche. Elle attendit encore jusqu'à ce que la place principale se soit vidée après que la boulangerie eut fermé sa devanture. Puis elle commença à redescendre vers la maison Régali quand soudain, deux avions de chasse partis de la base aérienne d'Orange, ayant d'abord survolé le village du Castellet, passèrent si bas que dans un fracas épouvantable, le premier d'entre eux percuta une ligne électrique sectionnant des câbles, plongeant la commune dans le noir. Le maire, qui roulait à ce moment là dans les lacets menant à Tréfort, devait déclarer par la suite : « - *Il est passé si bas que ça a fait un boucan d'enfer. L'un des avions a percuté une ligne électrique et l'a sectionné, j'ai immédiatement appelé les secours et les équipes EDF.* » Irène réussit à redescendre tant bien que mal dans l'obscurité par le chemin escarpé, jusque devant la bâtisse familiale. Elle entra rapidement et chercha une lampe torche. Le faisceau éclaira le support mural sur lequel trônaient les armes de chasse. Précautionneusement, elle prit un fusil et chercha à comprendre comment les canons juxtaposés pouvaient bien s'ouvrir, afin de voir si des cartouches étaient encore à l'intérieur. Comme une poule ayant trouvé un couteau, elle renonça. Elle n'eut pas plus de succès avec l'autre fusil aux canons superposés. Irène décida alors qu'il ne restait qu'une solution pour connaître le dénouement de cette histoire. Elle descendit jusqu'au studio avec une des armes et ouvrit la porte fenêtre donnant accès à la terrasse. De l'agitation commençait à se faire entendre en haut du village à cause de l'incident survenu avec l'avion de chasse. Elle leva le fusil vers le ciel et appuya timidement sur la première gâchette. Comme rien ne se produisit, Irène se dit qu'il n'était pas chargé et elle appuya prestement sur la deuxième gâchette. Le coup partit, et avec le recul, elle prit la crosse en pleine figure. Titubant et hagarde elle finit par tomber, et commença à rouler sur le sol pentu de la terrasse. Elle fut stopper avant de choir dans la rue en contre bas, par un des piquets délimitant le domaine public. Sonnée, elle parvint à se relever et disparu dans le studio pour revenir au bout d'un moment avec l'autre fusil celui-ci au canon superposé. Elle pressa la détente en tenant cette fois-ci l'arme fermement plaquée contre son épaule gauche. Le coup partit, puis le suivant. Enfin tout danger était écarté et Irène se dit que lors de l'inventaire, l'huissier pourrait manipuler ces armes devenues inoffensives. Mais les coups de feu furent entendus à la ronde déchirant le silence, et une clameur se fit entendre. Irène fila à toutes jambes reposer le fusil et ferma la porte à double tour, avant de monter se dissimuler derrière les rideaux de la salle à manger. Les gens attirés par les détonations arrivèrent à l'endroit où ils avaient localisé les tirs. L'adjoint au maire, qui avait été sollicité à cause de l'incident avec les avions arriva à son tour. Il écarta la foule avec de grands gestes larges quand soudain il aperçu la voiture d'Irène. Se disant que si elle était là, elle pouvait avoir entendu ou même vu quelque chose. Cachée derrière les rideaux elle le vit s'approcher de la porte d'entrée et se demanda ce qu'elle devait faire, consciente quand même d'avoir fichu la trouille aux villageois tranquilles de Tréfort.

Jean Piètre toqua à la porte et au bout d'un moment, Irène entrebâillant celle-ci, demanda innocemment :

- Tiens bonsoir, mais qu'est-ce qu'il se passe ? Pourquoi n'y a t-il plus de lumière au village ?

- C'est un couillon de pilote de chasse qui a voulu faire du rase motte et qui a bousillé le réseau électrique, une chance pour lui, et surtout pour nous, qu'il ne ce soit pas craché sur le village. Mais je suis venu pour te demander si tu n'as pas entendu des coups de feu...

Irène prit un air surpris :

- Des coups de feu ? Ah non... pourquoi il y en a qui font du tir au ball-trap la nuit ?

Jean Piètre regardait Irène avec circonspection, car suite à la rencontre entre la crosse du fusil et sa tête, une bosse grossissait à vue d'œil entre ses yeux.

Il demanda alors :

- Bon sang mais qu'est-ce qu'il t'arrive Irène ? Un gonflement te provoque comme un strabisme...

A ces mots elle envoya la main à son front et palpa l'excroissance en répondant d'un air détaché :

- Oh ça... non c'est rien. C'est juste que j'ai glissé en ratant la première marche de l'escalier menant au studio. Tu sais bien à quel point il est périlleux de s'engager dans cette descente infernale.

- Oui effectivement le maçon qui a l'époque a construit cette aberration aurait du être poursuivi en justice. Applique vite quelque chose sur ton visage pour éviter que l'œdème ne s'étende, sinon demain tu auras la tronche d'un boxeur après un KO.

Sur ces mots, l'adjoint au maire retourna auprès des personnes réunies en leur demandant de se disperser et de rentrer tranquillement chez-elles au grand soulagement d'Irène, qui finalement s'en sortait bien avec son histoire de fusils.

Subissant le contre-choc, elle regagna son véhicule, le regard flou et un acouphène survenu soudainement, du fait qu'elle avait tiré trop prêt de ses oreilles. Quand elle se regarda dans le rétroviseur, elle eut un mouvement de recul et poussa un cri d'effroi à la vue de son visage. Elle eut l'impression de tourner un remake du film Elephant man, et regagna alors son domicile à la hâte.

Le *black out* dura huit heures, et enfin, le charmant village de Tréfort retrouva sa sérénité avec le retour de la fée électrique.

L'huissier

Quelques jours plus tard, la fratrie se trouvait réunie devant la maison familiale afin que l'huissier, Maître Jean Portetout, procède à l'inventaire des biens. Le bonhomme à l'allure psychorigide, donnait l'impression d'avoir avalé un parapluie. Des verres à double foyers, véritables culs de bouteilles encastrés dans une monture en écailles lui servaient de lunettes. Il salua la fratrie d'un sourire carnassier jaunâtre. Tout de noir vêtu, il passa l'encadrement de la porte d'entrée, précédant Jeannot qui n'en menait pas large devant l'imposant personnage. Pour une fois, même Cunégonde ne dit mot. Elle salua l'huissier d'un air servile et entreprit d'ouvrir les placards et d'en sortir les pièces de Moustiers en lançant d'une voix aigre : « ***- Je ne comprends pas pourquoi on vous a fait mander, puisqu'il n'y a aucun objet de valeur dans la maison !*** » Et Irène de rétorquer : « - Tout le monde c'est bien que la seule chose ici qui ait de la valeur, c'est toi. » L'homme de loi, impassible et le visage de marbre, sortit son bloc note et un stylo afin de répertorier les objets présentés. Il s'attarda un instant devant les tableaux accrochés au mur du salon et Jeannot s'avançant à sa hauteur lui dit benoîtement : « - Ils sont beaux n'est-ce pas ? »

Ce à quoi Maître Jean Portetout répondit d'un ton sarcastique :

- Sont-ce des tableaux de Maître ?

- Non c'est notre père qui les a peint... comment les trouvez-vous ?

- Sans commentaire.

Et Cunégonde de s'esclaffer : « -Je ne comprends toujours pas pourquoi maman a accroché ça au mur, ***alors que leur place est dans la cave !*** »

Jeannot protesta faiblement mais la cadette lui coupant la parole lui dit :

« - **Toi tais toi !** Tu ne comprends rien à l'art pictural. Vu les croûtes infâmes que tu peins, tu n'a pas plus de goût qu'un **chimpanzé décérébré !** » Pendant ce temps, Irène avait disposé les différentes pièces de faïence signées sur la table du salon. L'huissier s'approcha pour les évaluer du regard et la cadette prit la parole pour dire à Irène d'un air dédaigneux : « - Mais tu espères en tirer quoi de tout ce bric à brac de terre cuites mal décorée et rococo ? Je suis sûre que ce sont des faux en plus. ***Je m'en vais te le prouver sur le champ !*** » Joignant le geste à la parole, elle saisit un vase et devant les yeux ébahis de l'assemblée, le jeta à terre. Naturellement il se brisa. Alors triomphante elle s'écria :

- ***Ah... tu vois bien que ce n'est qu'une vulgaire copie !***

- **Et à quoi tu vois ça espèce de folle ?!** Demanda Irène hors d'elle :

- C'est simple. Il y a un détail important, qui ne trompe pas... la sonorité de la pièce. Quand on fait sonner une faïence de Moustiers, un son clair et surtout, très long, doit être entendu. Mais là tout ce que j'ai entendu, c'est un vulgaire bruit de vase en terre cuite.

- ***C'est ça, casse donc toute la vaisselle tant que tu y est ! Et n'oublie pas de briser menu les meubles pour en faire de la sciure et ainsi prouver qu'ils ne sont pas en chêne ! Et pour finir, fous le feu à la baraque ! Ainsi on pourra mettre en épitaphe sur ta tombe : là où Cunégonde passe, l'herbe ne repousse pas !!***

L'huissier, toujours impassible, les toisant du regard leur dit : « - Allons, du calme mesdames, et n'oubliez pas que je suis rémunéré à l'heure. Mais bon... j'ai tout mon temps. A vous de voir... le compteur tourne. »

Cunégonde en entendant cela ravala sa salive. Irène dit alors à l'homme de loi de passer dans la pièce suivante pour voir des meubles. En avançant, il passa devant la salle de bain dont la porte était entrouverte. Il marqua un temps d'arrêt, et fit deux pas en arrière pour se présenter devant l'entrée. Il poussa alors la porte et sursauta. Devant l'indescriptible mariage de couleurs improbables, il eut un haut le cœur et lança d'une voix blanche : « - De toute ma carrière je n'ai rien vu de plus hideux et dérangeant ! »

Cunégonde jouant des coudes passa devant sa sœur et Jeannot pour dire :

- ***Cette salle de bain entièrement rénovée, nous a coûté les yeux de la tête !***

- Ah bon ? Une vasque aussi ridiculement petite et laide ça se trouve dans le commerce ça ? Autant vous dire qu'il n'y a rien là dedans qui mérite d'être noté. Passons à autre chose.

Irène se retenant de pouffer dit alors : « - Allons voir les parures, et espérons que ma sœur ne va pas croquer dans une pierre pour nous prouver qu'elle est fausse. » Maître Jean Portetout entra dans la chambre où se trouvait une cassette remplie de bijoux et la cadette dit alors d'un air mauvais : « - Bah... qu'espères-tu en tirer de cette quincaillerie ? Si encore c'étaient des parures de chez Cartier, place Vendôme, on aurait pas besoin de vendre cette masure et ça nous assurerait un avenir confortable. » L'homme de loi avait déjà commencé à répertorier les différents types de bijoux lorsque Jeannot se réveillant subitement de sa torpeur s'écria sur un ton qui le surprit lui même, faisant sursauter l'huissier :

- ***Mais c'est pas possible ça !! A force de dire que rien ne vaut rien comment je vais faire pour me payer ma voiture sans permis moi ?!***

- Bah pleure pas, tu l'auras ta petite auto. Té vé... vas nous préparer des cafés, ça t'occupera, et fait attention aux fils électriques dénudés qui pendent dans la cuisine.

Cunégonde la bouche tordue regarda l'huissier sortit de la chambre. Il demanda à poursuivre l'inventaire et Irène lui dit qu'il fallait descendre aux pièces du bas pour continuer, et qu'il fallait pour cela, emprunter un escalier. Elle prit les devants et descendit en criant par dessus son épaule : « - ***Accrochez vous bien à la rampe Maître, il en va de votre sécurité !*** » Au même moment, alors que Jeannot se débattait avec la cafetière, il faisait accidentellement se toucher les deux fils dénudés provoquant un court circuit qui plongea la maison dans l'obscurité totale à l'instant fatidique, où l'homme de loi amorçait sa descente. Il y eu un grand bruit sourd, suivit d'un silence interminable. Soudain, Cunégonde vociféra : « - ***Jeannot va donc chercher une lampe électrique espèce d'andouille ! Tu vois pas qu'Irène et l'huissier se sont vautrés dans les marches !*** » Le faisceau de la lampe torche balaya le bas de l'escalier, jusqu'à trouver deux silhouettes empilées l'une sur l'autre. Au bout d'un moment Cunégonde vit l'huissier se dégager à quatre patte. Son nez s'apparentant plus à un bec qu'à un appendice nasal était cassé, tout comme les verres de ses lunettes. Quant à Irène, elle restait sur le carreau assommée pour le compte. Cunégonde envoya son frère en première ligne, se disant que s'il dévissait à son tour, comme il avait la tête dure il ne craignait pas grand chose. Arrivé en bas des marches il s'empressa de rattraper l'homme de loi qui partait, toujours à quatre pattes, dans la mauvaise direction à l'opposé du studio. Tandis que Jeannot lui tendait des bouts de ses lunettes cassées, la cadette hurlait à son frère de l'éclairer pendant qu'elle descendait à son tour munie d'un broc d'eau glacée. Elle en aspergea vigoureusement sa sœur aînée jusqu'à ce qu'elle reprenne ses esprits. Jean Portetout expliqua en bafouillant que, comme il était en haut des marches, il s'était brusquement retrouvé tout en bas, bien heureusement le corps amorti par celui d'Irène. Celle-ci sentant que quelque chose n'allait pas, se tata le visage et eut l'impression d'avoir la tête comme une pastèque. Ébranlée par le choc elle demanda à ce que l'on cesse immédiatement l'inventaire, et ce, juste au moment où Jeannot déclarait à la cantonade qu'il savait comment commuter le disjoncteur et réparer la panne. Ce à quoi Cunégonde répondit dans un éclat de voix : « - ***Surtout ne touche à rien toi ! tu as deux mains gauches et les doigts de merde ! Tu risques de détruire totalement l'installation électrique de la baraque pour de bon ! Et si il n'y a plus de maison à vendre, adieu la voiturette !*** » Jeannot entendant cela, renonça à remettre le courant et ils remontèrent péniblement à la lueur de la lampe torche jusqu'à l'étage. Là, l'huissier le nez explosé et les lunettes brisées, leur dit qu'il était préférable pour lui de ne jamais revenir en ces lieux et que de toutes façons il avait tous les éléments pour faire passer au notaire son relevé d'informations. Il était arrivé à 18 heures chez les Régali, et il était 22 heures quand il ouvrit la porte pour en sortir. La clarté du lampadaire situé au coin de la rue, lui sembla être, sans ses lunettes, une apparition divine. Il s'éloigna hagard dans la nuit la démarche incertaine. Le lendemain on le retrouva errant au milieu des oliviers, confus et déshydraté, tournant sur lui-même comme une boussole ayant perdu le nord. Il fallut appeler les gendarmes pour venir le chercher et le ramener en ville, tandis qu'il chantait des cantiques et des hosannas à tue tête. Un cri de triomphe fut entendu après le départ de l'huissier. C'était Jeannot qui, désobéissant à la cadette, avait réussi à réenclencher le disjoncteur et qui s'écriait en courant dans la maison : « - *Que la lumière soit ! que la lumière soit !* » Jusqu'à ce que Cunégonde, excédée, ne lui flanque une paire de gifles pour le calmer. Ce fut radical. Comme la fratrie avait réussi l'exploit de ne pas trop s'écharper pendant l'inventaire, Irène se dit qu'enfin, la vente de la maison se profilait et que le bout du tunnel était proche.

Erreur monumentale

Le docteur

- Cunégonde, je soignais déjà tes parents alors que tu gambadais en couches culottes dans mon cabinet en gazouillant « *le docteur le docteur* ». On a tendance à penser qu'un docteur c'est nécessairement un médecin. On va « chez le docteur » pour dire qu'on va consulter son médecin traitant. Mais docteur, c'est un titre, tandis que médecin, c'est un métier, que l'on ne peut exercer que si on porte le titre de docteur en médecine. Depuis mon enfance j'ai toujours aimer lire les annonces médicales et pharmaceutiques des journaux, ainsi que les modes d'emploi et les posologies que je trouvais enroulés autour des boîtes de pilules que prenait mon père pour calmer ses douleurs, dues à la constipation et à ses exonérations de selle. Ces textes m'ont rendu familier avec le style de ma future profession. Je me suis demandé longtemps quel pouvait être mon sujet de thèse, et je me suis finalement décidé pour la reproduction des cloportes en Indonésie. C'est ainsi que j'entrais de plein pied dans le métier qui demande de prêter allégeance au serment d'Hippocrate. Qu'est-ce donc qui t'amène dans mon cabinet de consultation avec Marcel ? Que j'ai reçu il y a une semaine à peine pour ses examens.
- Mamour est bien faible... une chute vertigineuse de son état de santé.
- Tiens donc... mais il peut encore parler ce brave homme. Alors que vous arrive t-il Marcel ?
- Parlez plus fort docteur, il est devenu faiblard des esgourdes.
- Ah... **bon alors que vous arrive t-il ?**

– Je me traîne docteur...

– **Tiens donc. Et pas de grands vices ?**

– Comment ça ?

– **Pas d'opium...cocaïne...de messes noires...ni même d'engagement politique ? tout ce qui donne un coup de fouet au début, et qui fini par vous rétamer à la sortie !**

– Non docteur, rien de tout ça. Juste une grande fatigue. Mais peut-être est-ce du à mon pacemaker et...

– **Aucune importance et aucune incidence sur l'état de fatigue. J'ai connu des types qui avec ce dispositif gravissaient l'Everest chaque année avec des sherpas et sans masque à oxygène. Cependant Marcel... avec vous l'âge médical peut commencer !**

Prenant Cunégonde à part le docteur Garovirus lui dit à voix basse :

– Je veux dire par là, que ton Marcel est à un stade où il va plus **me** fréquenter que les bistrots et les estaminets. D'après ses derniers examens, je me demande même comment il se fait qu'il soit toujours parmi nous. Un beau spécimen de zombi que tu as là. Il te faudra prévoir un grand tiroir, pour y mettre la désormais indispensable pharmacopée, qui te permettra de maintenir allumée la flammèche vacillante dans ce vieux corps usé. Et plus de galipettes, car la seule vue d'un sein peut lui être fatale.

– Pour ça pas de soucis, cela fait des mois que je marche à la pile Duracell si vous voyez ce que je veux dire.

– Je n'ai rien contre les plaisirs solitaires. Point chez moi de cette condamnation morale séculaire qui plane encore sur nos sociétés et qui condamne la volupté solitaire sans en reconnaître les avantages certains. Pour en revenir à Marcel, toute émotion forte est à proscrire et je te conseille désormais de mener une existence monacale loin des turpitudes de la vie et sans choc émotionnel. Je vais lui prescrire des pilules qui lui donneront un semblant d'énergie. Mais il me semble que ce n'est plus hélas qu'une question de temps avant que hop là... alors soit forte Cunégonde.

– ***Marcel le bon docteur va te prescrire un traitement qui va te***

redonner la forme en moins de deux !

– Je vais quand même l'examiner tant que je l'ai sous la main.

Il sortit une tige de bois aux bouts arrondis d'un tiroir, et fit tirer la langue à Marcel. Puis il lui regarda le blanc de l'œil. Il prit ensuite un petit marteau et le fit s'asseoir. Il lui donna un petit coup sous le genou afin de tester ses réflexes. Et pour finir il sorti un stéthoscope neuf de son emballage pour écouter la cage thoracique de son patient « -Alors docteur ? » Demanda Cunégonde, impatiente de connaître le résultat de cette inspection en règle :

– Voilà voilà... c'est bien ce que je pensais. La langue chargée d'un bœuf n'aurait pas plus fière allure. Le blanc de l'œil est de couleur très vieil ivoire. Les réflexes sont aux abonnés absents et dans sa cage thoracique il y a tellement de bruits étranges que je préfère mettre ça sur le compte du pacemaker qui diffuse des cliquetis à tout berzingue. Il vaut mieux être sourd que d'entendre ça. Je ne sais pas qui a conduit pour venir jusqu'ici, mais avec les réflexes qu'il a il ne pourrait même pas freiner si un obstacle se présentait devant lui.

– Combien vous dois-je docteur ?

– Rien du tout. Ça m'a fait plaisir de te voir Cunégonde. Tu donneras le bonjour à Jeannot et Irène de ma part.

A cette évocation la cadette grinça des dents.

- Quant à moi je prends ma retraite dès ce soir. Mes cannes à pêche sont prêtes pour m'adonner à l'activité consistant à capturer des animaux aquatiques dans leur biotope. Je pars donc pour la pêche au gros à la Réunion.

– Ah ? Ben dommage que l'on ait enterré notre chat *Pompon*, il vous aurez servi d'appât pour les requins. ***Allez Marcel réveille toi, on y va !***

Le courrier fatal

C'est en rentrant des courses, après avoir, une fois de plus, eu une altercation avec une caissière au supermarché, que Cunégonde ouvrit sa boîte à lettres pour prendre son courrier. L'entête sur une enveloppe attira son attention et elle en frémit. Elle la décacheta à la hâte et son contenu ne fit que lui confirmer ce qu'elle redoutait. Il s'agissait d'une convocation par le juge d'application des peines au sujet de la liquidation judiciaire de sa société. Présageant que le pire était à venir, elle appela son avocat Ange Casanova. C'est alors que Marcel, émergeant d'une nuit peuplée de rêves érotiques, les yeux cernés et les cheveux en bataille, eut le regard attiré par l'entête de la lettre posée sur la table de la cuisine. Pour satisfaire sa curiosité, il parcouru les écrits et soudainement, fut choqué par leur teneur. Se voyant déjà faire la navette au parloir avec des paniers d'agrumes pour soutenir sa moitié, il n'en pu supporter l'idée et soudain, il sentit sa poitrine se serrer. Ses bras se mirent à battre l'air pendant un instant, avant qu'il ne bascule en arrière dans un râle étouffé. Cunégonde alertée par le bruit de sa chute mit fin à sa conversation téléphonique et revint vers la cuisine où elle le trouva étendu sur le carrelage beige en grès cérame. Elle lui asséna une bonne paire de claques, espérant le ranimer. Mais cette fois-ci fut la bonne. Elle songea alors au fait qu'elle avait bien fait de faire signer à son compagnon, des documents lui assurant de toucher un beau pactole. Les secours arrivés sur place, ne purent que constater le décès. La cadette se dit qu'en plus des nuages noirs qui se profilaient à l'horizon, il faudrait songer aux obsèques à venir. Avec 17 ans d'écart entre eux, elle pensa que les choses suivaient leur cours normal, et qu'il serait temps pour elle, une fois toute cette vilaine histoire de succession terminée, de se remettre en chasse, telle une femme couguar, afin de profiter enfin de la belle énergie d'un étalon.

Tout de même, rétrospectivement, elle se dit que tout ça c'était bien de la faute à cette garce d'Irène, et que jamais elle n'aurait imaginé que celle-ci fut capable d'une telle sagacité et d'une telle persévérance, jusqu'à détruire systématiquement tous ses projets, tel un tsunamis, provoqué par la stupide intégrité de sa sœur. Elle en eut des envies de meurtre. Aussitôt elle avala les pilules anti stress prescrites par le docteur Garovirus destinées à Marcel. Mais le dosage étant prévu pour un homme, la réaction ne se fit pas attendre. Le syndrome de DRESS, réaction d'hypersensibilité sévère à un médicament, caractérisée par une éruption cutanée et un état fébrile venait de frapper Cunégonde. Transpirant soudainement à grosses gouttes, titubant de la cuisine à la chambre à coucher, le corps recouvert de boutons la faisant ressembler à une écrevisse de Louisiane, elle n'eut qu'une envie, sombrer dans les méandres et dans l'oublie d'un sommeil réparateur.

L'ami américain

Par une belle journée ensoleillée, Irène reçut une visite inattendue. Quelqu'un toquait à sa porte de grand matin et regardant par l'œilleton, elle ne vit personne. Interloquée, elle ouvrit et avec surprise découvrit, encore courbé pour regarder par le trou de la serrure, une connaissance venu d'un passé lointain. Alam Bique était de retour. Irène lui dit d'un ton sec : « - ***Mais qu'est-ce que tu fous là toi ?*** » L'haleine chargée, il entra dans l'appartement entraînant dans son sillage une odeur de whisky frelatée et de tabac froid à tel point qu'elle dû mettre sa main devant la bouche pour réprimer une furieuse envie de vomir. Il bredouilla de vagues explications pour justifier sa présence et voyant sur la table des croissants et du café, il s'assit en prenant ses aises, sous le regard stupéfait de celle qui revoyait par flashs les instants de leur première rencontre. Ce fut lors d'un concert donné avec Mario Gribaldi, qui comme les autres prestations se termina dans une cacophonie indescriptible, qu'Irène fit la connaissance d'Alam Bique l'ami américain de Mario. Méconnaissable, le visage couperosé, les yeux injectés de sang, les cheveux sales et les ongles en deuil, le bouquet étant un sourire édenté, tel était devenu celui qui fut un play boy du temps de sa splendeur. Il avala les croissants si rapidement qu'elle crut qu'il allait s'étouffer. Le discours incohérent et décousu qu'il tenait, fit se dire à Irène qu'il avait des grammes et qu'il avait bien chargé la mule. Cependant elle compris entre deux borborygmes et quelques phrases prononcées dans un français approximatif qu'il était venu pour mendier quelques euros afin de retourner au bistrot dont il sortait. Elle subit sa présence pendant un temps qui lui parut interminable, ayant compris qu'il ne fallait surtout pas le contrarier. Pris de soubresauts, et de tics compulsifs, Irène se dit qu'il commençait à devenir inquiétant et elle s'empressa d'enlever les couteaux de cuisine et les ciseaux. Tout qui pouvait piquer, trancher et découper fut caché. Prise au dépourvue devant une situation qui pouvait dégénérer à tout instant, elle se dit qu'il fallait jouer la montre. Profitant d'un instant où l'énergumène s'était assoupi, elle téléphona aux service des urgences psychiatriques pour qu'ils viennent immédiatement la débarrasser de ce personnage potentiellement dangereux. C'est ainsi que les infirmiers en blouse blanche vinrent chercher le sieur Alam Bique qui leur en fit voir de toutes les couleurs avant d'être revêtu de la camisole de force et jeté à l'arrière du véhicule sanitaire. Irène sortit alors sur le balcon et lui cria : « - Ne t'inquiète pas les messieurs en blanc sont très gentils et très compréhensifs ! Là où ils vont te mener tu seras très bien traité aux électro choc et à l'eau de vichy. Tu vas nous revenir un jour en pleine forme. Allez bisou hein... à plus ! » Elle laissa la porte fenêtre grande ouverte, pour se débarrasser des odeurs tenaces de viande saoule qui empestaient son appartement cosy, en espérant ne plus jamais revoir l'hirsute personnage, qui devait finir ses jours au pavillon bleu des grands agités de l'Ordre hospitalier des Frères de Saint-Jean de Dieu, où il était désormais suivi par le docteur Bayoque qui, le déclarant définitivement incurable, le fit placer dans une chambre voisine de son grand ami Mario Gribaldi qui lui se prenait définitivement pour Chopin.

Lorsque l'éminent psychiatre appris le décès de Marcel, il se dit qu'il perdait là l'occasion d'observer un patient exceptionnel lui aussi, n'ayant que rarement rencontré dans sa longue carrière un mythomane aussi accompli. Selon lui, une véritable synthèse. Il avait même gardé pour le recevoir (ce qu'il pensait être un jour prochain) la chambre du dernier étage du pavillon bleu, sorte de suite, réservée aux personnalités de marque de la psychose. Mais comme dit le dicton : « *qui se ressemble, s'assemble* » le docteur Bayoque se dit, pour se consoler, que bientôt il se pourrait qu'il ait à traiter un spécimen très prometteur issu lui, de la gent féminine.

Opération séduction

Les obsèques de Marcel eurent lieu sous la pluie et le cortège funéraire fut suivi par beaucoup de gens issus du milieu du BTP dont certains corps de métiers travaillaient sous les ordres de Cunégonde qui marchait en tête, vêtue de noir pour la circonstance. Autrefois dans les village, l'usage voulait que l'on plaçât des moutons en tête du cortège funéraire ou à côté du cercueil. Irène qui marchait à côté de son frère, esquissa un sourire à cette pensée. Même le bon docteur Garovirus, rentré de la Réunion était présent. Il s'était contenter de battre le record de pêche au marlin, poisson appartenant à l'ordre des perciformes, décroché en 2003 par une réunionnaise avec une prise de 55 kg. Le docteur renonçant à s'en prendre aux requins, quand il appris que certains jetaient à la mer des chiens vivants pour leur servir d'appât. Le brave docteur remonta le cortège jusqu'à Cunégonde, et en se glissant sous son parapluie lui dit :

- Hélas, la puissance qui est supposée fixer le cours des choses, n'a pas mis longtemps à me donner raison. J'aurais certes pu lui donner quelques temps de plus parmi nous, en procédant à quelques réglages sur son stimulateur cardiaque, mais il y a fort à parier que le reste se serait déglingué de toutes façons.

- Vous avez fait ce que vous avez pu docteur... c'est une émotion plus forte que les autres qui a sonné le glas pour ce cher Marcel.

- Ah bon... j'aime mieux ça, car il m'eut été pénible de savoir que mes pilules n'ont eut aucun effet.

- Ah pour ça... je peux vous affirmer qu'elles ont fait leur effet. Pas celui que j'attendais mais je m'en souviens encore !

- Le confrère qui devait reprendre mon cabinet ne viendra finalement pas à Tréfort. Trop loin de tout selon lui et pas assez de malades pour faire fortune. C'est pourquoi j'ai décidé de repousser mon départ à la retraite encore un moment, et de reprendre mes consultations. J'aimerais que tu prennes rendez-vous afin que je puisse faire un bilan général de ton état de santé.

- Mais je me porte très bien docteur. J'ai une santé de fer. Je me couche avec le soleil et je me lève avec les poules.

- Tout de même, le choc émotionnel qui a envoyé Marcel ad patres a bien pu t'affecter également sans que tu t'en rende compte. Pas de fourmis dans les pieds ? Point de tremblements intempestifs...de symptômes de douleurs au niveau de la poitrine, de céphalées importantes, etc...

- Que nenni, rien de tout ça.

- Tout de même... tout de même... il me semble que tu as besoin d'un coup de fouet pour tenir le coup. Passe sans faute à mon cabinet, je te prescrirai des remontants, de simples fortifiants à base de plantes qui te ragaillardiront.

Cunégonde se dit que vu ce qui se préparait avec sa convocation devant le juge des applications des peines, elle aurait bien besoin effectivement d'un cocktail de remontants.

Lorsque le cortège passa devant le local où sont entreposés les outils des employés communaux, deux d'entre eux reconnurent Jeannot et ne purent se retenir de rire bruyamment ce qui déclencha le courroux de Cunégonde : « - ***Quoi... qu'est qu'il y a ? Regardez les ces abrutis avec leurs pelles ! Y en a pas un pour rattraper l'autre. Ces fonctionnaires ! Ils réussissent un concours, parce qu'ils se sont levé un matin du bon pied, et ils sont sécurisés à vie ! Feignasses de privilégiés !*** » Les deux hommes entrèrent dans le local sans demander leur reste. La fin de la cérémonie se déroula sans autre incident et chacun regagna son véhicule sous des trombes d'eau. En un clin d'œil le cimetière se vida.

La cadette, une fois chez elle, se prit à penser que les carottes étaient cuites pour elle et qu'il lui faudrait de l'argent rapidement pour payer son avocat et l'amende qu'elle ne manquerait pas de récolter à cause de cette action en justice à venir. Elle décida donc, en ultime recours, de tout mettre en œuvre pour sortir les violons et la brosse à reluire afin de décider Irène à consentir à la vente de la maison Régali à la fille de la voisine, qui s'était manifesté depuis peu et qui proposait d'acheter le bien au prix déterminé par l'expertise. Cunégonde, décida qu'elle se servirait de la mort de Marcel, pour mettre en scène sa descente dans les affres de la mélancolie, un état d'âme qui devrait apparaître comme suffisamment désespéré, pour faire appel à l'esprit de famille.

La première étape de cette tentative devait consister tout d'abord à se mettre Jeannot dans la poche. La phase la plus facile se dit Cunégonde, alors que pour convaincre Irène, il faudrait employer des moyens beaucoup plus subtils voire, si aucun résultat, beaucoup plus percutants. Pour une femme habituée à manger du caviar avec la présidente du MEDEF, le fait de se retrouver sur le banc des accusés avec à la clé un éventuel séjour derrière les barreaux, serait d'autant plus insupportable, qu'à la peine de prison encourue, s'ajouterait sûrement une amande conséquente, ce qui rendrait la chose monstrueusement insupportable pour celle qui pensait pouvoir profiter du magot que lui avait légué son Marcel. Elle chassa cette pensée néfaste et se concentra sur son plan.

Le restaurant

Les tons dégradés de bleus de la salle du restaurant gastronomique classé quatre étoiles « *Le radeau de la méduse* » où avait réservé la cadette, se mariaient bien avec la décoration. Des maquettes de navires à voiles étant posées dans des niches éclairées par des appliques, faisant comme des criques où les bateaux restaient amarrés. Jeannot se dit, qu'en fin connaisseur de l'art pictural, il pouvait donner son avis sur cette décoration, mais Cunégonde la bouche tordu, coupa court en lui passant le menu. Elle claqua des doigts pour faire venir le sommelier, puis elle choisi un vin rouge *château Marquis de terme 4ème cru classé de 1990.* Elle demanda à Jeannot s'il ne préférait pas plutôt un *Bordeaux Château cheval blanc 1er grand cru classé A de 1989.* Devant la tête ahurie de son frère, dans laquelle on sentait que les points d'interrogations se bousculaient à la vitesse des électrons dans un accélérateur de particules, Cunégonde, arbora un sourire moqueur et opta pour le premier grand cru.

Pour commencer les agapes, celui qui n'en revenait toujours pas de cette invitation au restaurant, eut droit à une blanquette de lotte au safran, suivie d'un brochet farci au foie gras, puis d'un risotto au cabillaud à la crème anisée, suivi d'un médaillons de lotte lardée, et pour finir, des cannellonis de crème saumon au beurre de crabe et des châtaignes en fins copeaux. Le tout arrosé du nectar des Dieux. Jeannot dont l'appétit pouvait en remontrer à beaucoup, nota que les plats, même s'ils portaient des noms grandiloquents, n'étaient guère copieux et il déclara tout de go avec son franc parler : « - C'est drôlement bon sœurette, mais il n'y a rien dans l'assiette. Par contre le pinard...c'est pas du gros rouge qui tâche ! J'en prendrait bien une caisse pour chez moi. Mais au fait...pourquoi m'as tu invité dans ce resto de rupins ? On aurait aussi bien fait d'aller au Macdo. » Cunégonde entendant cela, fit un effort pour ne pas sortir de ses gonds afin de ne pas brusquer son frère malgré une furieuse envie de l'étrangler. Elle déroula son argumentaire :

- Toute cette histoire de succession nous échauffe les esprits depuis des mois et cela me peine de voir à quel point notre belle famille se déchire. Si nous pouvions vendre rapidement la maison, tu pourrais t'offrir ta voiturette et te déplacer, même quand il pleut et qu'il fait froid. Encore que je doute que dans ces pots à yoghourts il y ait le chauffage. Mais bon passons, tu vois où je veux en venir ?

- Non...

- **Bon sang Jeannot réveille toi !** Si Irène s'obstine à refuser l'offre de la fille de la voisine c'est foutu, la vente sera encore retardée et donc pas de petite auto pour toi.

- Irène est remontée contre toi et elle est vénère après le coup de ta fausse signature sur le chèque. Je ne vois pas ce qui pourrait la faire changer d'avis maintenant.

- Justement... c'est là que tu interviens. Tiens reprends donc un peu de ce délicieux vin de garde.

- C'est vrai qu'il est bon. Il a de la cuisse, du gouleyant et...

- ***Oui c'est bon... ça va comme ça ! Tu as compris où je veux en venir oui ou non ?***

- Tu me demandes d'amadouer Irène pour qu'elle accède à l'offre de la fille à Rita...

- Oui bravo Jeannot... c'est tout à fait ça. C'est notre sœur et nous l'aimons, alors il faut la protéger d'elle-même et l'empêcher de retarder la vente. Parce que comme toi... elle a grand besoin d'argent.

Cunégonde guettait du coin de l'œil la réaction de son frère qui finissait son verre. Il s'attarda sur la décoration pour enfin dire : « - Je n'aurais eu aucun mal à faire mieux que ça. Tout ce bleu ça me tape sur le système. Il faut que je sorte prendre l'air. »

- ***Quoi ? Triple andouille tu vas me faire le plaisir de te rasseoir et de me dire ce que tu comptes faire avec Irène !***

Le sommelier, alerté par les éclats de voix s'approcha de la table pour demander : « - Tout va bien Madame ? » Ce à quoi Cunégonde rétorqua : « - ***Vous mêlez vous de vos affaires ! Sachez que le vin était bouchonné, alors déguerpissez où je fais venir votre patron pour qu'il vous passe un savon !*** » Le responsable des vins et des eaux de marques compris tout de suite qu'il valait mieux en rester là et il regagna sagement sa place. Jeannot dit alors d'un air amusé : « - Tu es un véritable pitbull et il vaut mieux être de ton côté que l'inverse. Je parlerai à Irène mais c'est sans garanti, parce qu'elle a une dent de mégalodon contre toi. » Quand ils sortirent du restaurant il repéra une baraque à frites au coin de la rue et il s'empressa d'aller s'en prendre deux barquettes avec du ketchup dessus, au grand dam de Cunégonde, qui venait de régler une addition bien salée, n'étant même pas sûre que son idée pour amadouer Irène porterait ses fruits.

Car ce n'était point la stratégie qui l'inquiétait, mais le stratège.

La consultation

Dans la salle d'attente du docteur Garovirus quelques revues de pêche et d'automobiles étaient étalées sur la table basse rectangulaire. Rien qui puisse intéresser Cunégonde. L'heure de son rendez-vous arrivée, la porte du cabinet s'ouvrit et le docteur la pria d'entrer. les nuits sans sommeil dues au stress s'accumulant, la cadette commençait à avoir des valises sous les yeux et une mine de papier mâché. Le généraliste prit un ton sentencieux pour lui dire :

- Quelqu'un de bien renseigné sur toi m'a dit que tu as une autorité morale et une influence personnelle sur ton frère, ce qui me fait dire que rien de sérieux de ce qu'il peut faire, doit pouvoir se faire sans toi. Je me souviens que gamine, tu défendais Irène à l'école et que plus d'une fois j'ai du mettre du mercure au chrome sur tes blessures de petite guerrière. Aujourd'hui tu es une femme...et quelle femme. Tu as des hommes sous tes ordres et tu assumes parfaitement ta fonction de chargée d'affaires. Ta mère était fière de toi.

- Maman n'aimait que moi !

- Peut-être bien, mais tu dois comprendre que tu as un frère et une sœur et que vous êtes une famille. Jeannot n'est pas en capacité de gérer toutes ses émotions ainsi que les aléas de la vie, et il a besoin d'un regard bienveillant.

- C'est ce que je fais, je veille sur lui. C'est Irène qui a fait se dégrader le climat de confiance qu'il y avait entre nous. Mais pourquoi cet exposé docteur ? ***Vous allez vite me prescrire mes remontants et passer à un autre patient !***

- Du calme fougueuse pouliche... je veux d'abord m'assurer que tu vas bien et que tu ne files pas un mauvais coton. Viens par ici que je prenne ta tension.

Il lui installa le brassard, muni d'un manchon gonflable relié au manomètre, puis il fit se gonfler le tensiomètre tout en lui expliquant qu'il fallait distinguer la tension diastolique et la tension systolique. Puis il regarda par deux fois le chiffre affiché de la pression artérielle de la cadette, avant de lui annoncer :

- Tu as 18 de tension... avec le cortège de risques que cela implique. Ton sale caractère y est sûrement pour quelque chose ainsi que le décès de Marcel mais il il y probablement quelque chose d'autre qui te tracasse. En tous cas il est urgent de faire baisser ce taux élevé sous peine de complications, car une tension trop forte oblige le cœur à travailler davantage pour pomper le sang et il se fatigue prématurément. Tu n'as rien ressenti d'anormal ces jours-ci ?

- Eh bien maintenant que vous m'y faite penser. Peut-être qu'une réaction allergique, due à une hypersensibilité médicamenteuse pourrait expliquer ce pic de tension ?

- Tout à fait... tout à fait. Maintenant enlève donc ton chemisier que je t'ausculte. C'est cela... penche toi en avant et tousse... bien... bien... tu peux te relever. Voyons voir... les seins sont fermes... pas de douleurs à la palpation. Voyons voir tes lombaires... hum du béton dis donc, et tes adducteurs sont ceux d'une gymnaste... et ton ...

- Et mes remontants docteur ?

- Ah oui… les fortifiants...

Le docteur Garovirus refréna ses ardeurs et lui dit pour finir qu'elle était une belle femme dans la fleur de l'âge et qu'il ne manquerait pas de prétendant pour lui faire oublier son chagrin. Après quoi il lui prescrivit ses fameux stimulants à base de plantes. La cadette encore échaudée par sa prise de pilules anti stress mal dosées, lui demanda si c'était sans danger, ce à quoi le généraliste lui répondit que :

- **La bacopa** est très efficace pour soigner les troubles nerveux, digestifs et sexuels. Il s'agit d'une plante stimulante qui, lorsqu'elle est ingérée sous forme de gélules ou de poudre, permet notamment d'agir pour booster la mémoire et la concentration et de diminuer l'anxiété et le stress. Je pense que c'est exactement ce qu'il te faut en ce moment. Je te marque un nouveau rendez vous pour la semaine prochaine. Mais je passerai quand même chez-toi demain pour prendre ta tension. Il faut surveiller ça de prêt. Prends ton stimulant dès ce soir et au besoin un somnifère léger.

La cadette pris congé et s'en alla à la pharmacie la plus proche chercher ses remontants, en se demandant comment le docteur en était arrivé, en partant d'une simple prescription de pilules, à lui tâter les seins et le cul, et aussi comment, puisqu'elle avait soi-disant 18 de tension, il pouvait encore lui délivrer une ordonnance avec des remontants qui risquaient de faire monter encore plus son cœur dans la zone rouge. Elle se dit que désormais le docteur Garovirus serait rayé de son agenda définitivement, le soupçonnant d'être un dangereux incapable, pour ne pas dire un charlatan, doublé d'un vieux pervers lubrique. Elle tourna les talons et sortit de la pharmacie sans rien prendre ce qui certainement ce jour là, lui sauva la vie.

Dans les jours qui suivirent, on vit « *gaie luron et la joie de vivre* » faire plusieurs fois le tour du quartier où résidait Irène comme un derviche tourneur, aplatit sur son scooter en recherche de vitesse. Sa mission pesait sur ses frêles épaules et des tics nerveux avaient fait leur apparition, le faisant brusquement guidonner au risque de lui faire perdre le contrôle de son deux roues. S'étant fait une belle frayeur, Jeannot s'arrêta un moment, le cœur battant et le teint blême. C'est au moment où il allait renoncer à se rendre chez Irène, qu'il la vit sortir sur son balcon pour arroser ses fleurs. Elle l'aperçu et Jeannot dans sa précipitation à redémarrer cala son moteur. Elle lui cria alors : « - ***Mais qu'est-ce que tu fiches ici toi ?*** »

Il enleva son casque et répondit avec un sourire hypocrite :

- Oh rien... je passais par là...

- Et pourquoi voulais-tu partir si vite en me voyant ? Aurais-tu quelque chose à me dire pour te mettre à ce point la rate au court bouillon ?

- Je peux monter t'en parler ?

- Monte deux minutes... j'ai pas que ça à faire.

Il emprunta les escaliers et comme il passait devant l'appartement du voisin d'Irène, un mouvement brusque du à ses tics nerveux lui fit donner un grand coup de poing dans la porte. Un individu bourru, visiblement contrarié parce que dérangé devant son émission de télé réalité favorite, lança à Jeannot d'une voix rauque :

- **C'est pourquoi ? J'ai déjà donné !** Si c'est pour les témoins de Jéhovah, y'a qu'à leur dire que je crois aux OVNIS et à la réincarnation et que la prochaine fois qu'ils viennent m'emmerder je leur ferai une démonstration d'alchimie ! **Et qu'après je leur botterai le cul !**

- Jeannot terrorisé par le personnage, bafouilla des excuses et ne du son salut qu'à l'intervention d'Irène, qui lança d'un ton enjoué au voisin :

- C'est rien René, ce n'est que mon frère ! Allez viens rentre toi...

- Ah bon j'aime mieux ça ! **Encore un peu et c'était la distribution de baffes !**

Irène attendit que son frère reprenne des couleurs pour connaître la raison de sa visite. Son visage passa alors d'un teint blafard à celui d'écarlate en un éclair et il déballa d'un trait le discours préparé par la cadette et censé faire vibrer la corde sensible de sa sœur aînée. Elle l'écouta et lui répondit :

- Eh bien tu diras à Cunégonde que la prochaine fois qu'elle a quelque chose à me dire, qu'elle le fasse elle même. Il est hors de question que l'on vende à la fille de cette pintade trop maquillée de Rita.

- Ah oui ? Tu crois ? Mais qu'est-ce que tu as contre la fille de Rita ?

- Elle est aussi rapace que sa mère, et je sais qu'elles veulent faire des modifications dans la maison. Elles vont la défigurer parce qu'elles ont des goûts de chiotte.

- Mais ta décision va encore retarder la vente. Et moi dans tout ça ? Je l'aurai à la Saint glinglin ma voiture sans permis !

- Avec les tics nerveux que tu te trimballes c'est pas le moment de te mettre un volant entre les mains. Fais toi vite soigner par le docteur Garovirus.

- Alors d'un côté, y en a une qui dit que rien ne vaut rien dans la maison, et de l'autre, il y a toi qui bloque la vente. Mais elle va tomber en ruine cette baraque à force de repousser !

- Cela fait 500 ans qu'elle est debout et elle nous enterrera tous.

- Ah ben ça c'est sûr... au rythme où vont les choses.

- Moi je ne suis pas pressée...

- Eh ben Je te trouve drôlement égoïste. J'avais déjà choisi la couleur de ma bagnole moi !

- Mais dis donc toi... que t'a promis Cunégonde pour que tu prennes ton courage à deux mains pour venir me parler de tout ça ?

- Elle m'a invité au restaurant pour rupins où j'ai mangé du bon pâté et des drôles de poissons, le tout arrosé avec du vachement bon pinard. Mais quand je suis sorti j'avais encore la dalle et heureusement qu'il y avait une baraque à frites dans le quartier sans quoi je tombais d'inanition.

- Ah je te reconnais bien là Jeannot. Mais je suppose que ce n'est pas tout...

Il regarda ses souliers et soudain un de ses tics, caractérisé par les mouvements psychomoteurs anormaux dus au retard de maturation de son cerveau, fit à nouveau se détendre brusquement son bras droit renversant la carafe en cristal remplie d'eau qui venait de la grand-mère Régali et qui lui avait été donné par le prince Rainier III de Monaco en 1955, après sa rencontre avec Grace Kelly, formant ainsi l'un des couples les plus célèbres de la planète. Irène poussa un cri d'effroi à cette vue et eut envie de mettre une grande paire de claques à Jeannot, qui confus, demanda la serpillière. Il épongeait l'eau répandue sur le sol tandis qu'Irène lui dit à bout de patience :

- Une fois que tu auras fini tu peux t'en retourner d'où tu viens, tu as assez fait de dégâts pour aujourd'hui. Et tu diras à Cunégonde que rien ni personne ne me fera jamais changer d'avis.

- Tu pousses un peu le bouchon ! Si maman te voit de là haut elle doit pas être contente.

- Tu es gonflé de dire ça, après avoir délesté, à plusieurs reprises dans une valse hésitation sa tombe de ses belles plantes florales. Allez maintenant déguerpis, j'ai à faire et j'ai eu ma dose d'inepties pour aujourd'hui.

Jeannot redescendit jusqu'à son scooter, qu'il démarra prestement pour filer tout droit vers la sortie du village. Irène se dit en le voyant s'éloigner en guidonnant que sa sœur devait être drôlement dans la mouise pour vouloir vendre aussi rapidement le bien familial. Mais il n'était pas question pour Irène de céder.

Le cabanon

Située dans la vallée de la Durance cette parcelle de terrain aride handicapée par une faible pluviométrie servait aux membres de la famille Régali pour se réunir lors des événements marquants, ou tout simplement pour passer un moment convivial entre gens de bonne compagnie. La Durance est une rivière dite « capricieuse » qui était autrefois redoutée pour ses crues, étant appelée le 3ème fléau de la Provence. Engoncé entre l'usine Seveso Arkema d'un côté, la route nationale de l'autre et pour finir l'autoroute A51, l'emplacement de ce morceau de terre caillouteux était en plus exposé à trois risques majeurs. Tout d'abord les feux de forêt. Ensuite une éventuelle inondation de la vallée de la Durance à cause de la rupture d'un barrage, (ce qui vous me direz, est pratique pour éteindre un incendie) et pour finir, un mouvement de terrain. A cela se rajoutait un risque industriel, à cause de l'usine classée « *Seveso, seuil haut risque* » située à proximité, risque lié au transport de matières dangereuses.

C'est là, dans ce décor, où malgré tout régnait une certaine quiétude, que certains Dimanches se disputaient des parties de boules mémorables. Il n'était pas rare de voir passer, lorsque les convives étaient attablés, et ce, juste devant leur nez, une laie suivie de ses marcassins qui traversait le terrain dans un bruit sourd de cavalcade. Sur cet emplacement se trouvait un cabanon bâti en pierres inégales, pourvu d'une toiture fatiguée aux tuiles mal jointes laissant entrer les rayons du soleil, mais aussi par la même occasion l'eau de pluie, résultat des quelques rares orages qui ne parvenaient cependant pas à faire remonter le niveau de la nappe phréatique les étés de sécheresse. Un jour, alors que tous le monde était attablé et au moment du dessert, c'est un gros sanglier solitaire de 200 kilos qui venait s'inviter aux agapes. L'énorme mâle pourvu de belles défenses proéminentes se montra agressif et comme il faisait mine de charger, tous se précipitèrent à l'intérieur du cabanon. Une fois la porte refermée quelqu'un regardant par les espacements entre les planches, informait les autres des pérégrinations de la bête qui faisait main basse sur les noix apportées par Jeannot. Au bout d'un moment qui parut bien long à tous, il décida enfin de s'en aller vers d'autres lieux, le pas lourd, accompagné de grognements. Soudain un cri d'effroi glaça le sang des plus téméraires. Une femme venait de voir, encastré dans les poutres de la toitures, un énorme essaim de frelon asiatique dont quelques résidents commençaient à sortir. Panique ! Une fois la porte ouverte chacun se mit à courir pour échapper aux piqûres, dès fois qu'il prenne l'envie au reste de l'essaim de sortir également pour prendre l'air. Ce qui arriva. Les convives ne durent leur salut qu'au fait que sur la table, des pots de confiture de fraises avaient été ouverts , et comme les frelons asiatiques en sont friands, ils se ruèrent dessus. Temps mort. Les gens attendirent que les insectes virulents regagnent leur habitat pour se rapprocher de la grande table où certains avalèrent cul sec, plusieurs verres de digestifs pour récupérer de leurs émotions fortes. Les pompiers furent prévenus et après leur intervention tout rentra dans l'ordre.

Ce terrain allait devenir, une fois de plus, un sujet de discorde dans la fratrie. En effet, chacun des héritiers Régali voulait le récupérer arguant du fait qu'il ne valait rien. Il ne valait rien mais Cunégonde le voulait, Jeannot également et Irène ne voulait pas lâcher l'affaire non plus. Tous les animaux domestiques, chiens, chats, tortues, canaris, et autres de la famille, étaient enterrés à cet endroit, et l'on pouvait voir un peu partout, ça et là, des petites croix marquant les emplacements des enfouissements, ce qui pouvait donner une valeur sentimentale à ce lieu, dont la terre était si improductive que même les légume les plus coriaces ne pouvaient y pousser. Jeannot se dit que si sa sœur cadette voulait s'approprier cet espace c'est qu'elle devait avoir une bonne raison. Il contacta un ami qui connaissait quelqu'un qui pouvait lui prêter un détecteur de métaux. La « poêle » en bandoulière, c'est par une douce nuit que Jeannot se rendit à scooter jusqu'au terrain. Tandis que le phare éclairait le difficile chemin d'accès, un tic nerveux plus fort que les autres, due à son syndrome de Gilles de la Tourette, le fit engager la roue avant de sa machine sur une racine, ce qui eut pour effet de stopper net le scooter, projetant Jeannot en salto avant pour finir sur le sol dur damé par le passage fréquent des sangliers. Il en vit trente six chandelles. Se relevant tout endolori, il vérifia que le détecteur n'était pas cassé. Il alluma alors une lampe frontale et commença à prospecter, persuadé qu'il trouverait quelque chose.

A l'aube, deux heures trente-neuf minutes exactement avant le levé du soleil, Jeannot assis sur une pierre contemplait le résultat de ses recherches. Quelques douilles de balles, datant de la deuxième guerre mondiale, une vieille casserole, une voiture à pédales rouillée et des boîtes de conserves vides. Il se dit que bien évidemment, ce n'était pas à cause de ces trouvailles que Cunégonde avait des vues sur le terrain. Il reboucha les trous en songeant que non seulement ce travail de romain n'avait mené à rien, mais qu'en plus la fourche de son scooter était tordue et son phare cassé. Fourbu il rentra tant bien que mal, se posant de plus en plus de questions sur les motivations de la cadette. Que sa sœur Irène désire garder le cabanon, il pouvait aisément se l'expliquer car c'était un endroit où passer des moments agréables entre amis ou avec la famille et Jeannot le voulait pour les mêmes raisons. Il se dit donc que finalement il n'y aurait pas de problème si Irène le gardait, car ils en profiteraient de la même façon. Mais que Cunégonde s'accroche à ce lopin de terre incultivable... c'était là un vrai mystère pour lui.

- Allons Jeannot atterri ! Pourquoi Cunégonde veut le terrain et le cabanon ? Mais uniquement pour m'emmerder c'est tout. Il n'y a pas de pétrole dans le sous-sol...ni de de rivière aurifère à proximité que je sache. Et ce n'est pas assez grand non plus pour en faire un camping.

- En tous cas je n'ai rien trouvé qui ai de la valeur avec le détecteur de métaux.

- Eh bien tu vois. Quant au cabanon, ce n'est plus qu'une ruine qui tient debout par l'opération du Saint esprit. Moi si je le veux l'avoir, c'est pour une raison sentimentale et il faut bien le dire pour passer des moments tranquilles loin de l'agitation. Mais tu vois Cunégonde là bas... en plein cagnard avec pour seule compagnie les cigales et le passage des sangliers tandis qu'elle se fait cuire des merguez au barbecue ?

- J'avoue que non...

- Alors arrête de te torturer les méninges avec ça. Tu ferais mieux dès à présent de choisir ton camp, parce qu'il va faire vilain temps incessamment sous peu. Et ce n'est plus le moment de jouer les agents double si tu vois ce que je veux dire...

- Oh non je ne vais plus m 'amuser à ça !

- Tu sais que dans le genre faux cul... tu es un cador et pour ainsi dire une référence. Ta sœur est une canaille et toi un niaiseux hypocrite. Une belle famille de cinglés que je me trimballe. Mais une fois tout ce foutoir terminé je ne veux plus vous revoir tous les deux... **jamais !**

- Il ne faut jamais dire jamais... ni fontaine je ne boirai pas de ton...

- ***Et ma main sur la gueule...tu la veux ma main sur la gueule ? Allez disparais de ma vue !***

Une fois seule Irène se prit à penser que dans le Var et sur la côte d'azur les pratiques mafieuses sont courantes dans le milieu du bâtiment qui génère beaucoup d'argent, et les infiltrations, dans l'économie légale se matérialise sous la forme d'entreprises, dites « légales-mafieuses », qui ont une activité légale mais qui appartiennent à des propriétaires mafieux. Ces entreprises favorisent le développement d'une « zone grise » où l'on discerne de plus en plus mal la frontière entre légalité et illégalité. Sachant que la cadette avait une certaine propension à falsifier des documents, et qu'elle n'hésitait pas à s'en servir, Irène se demanda jusqu'où elle était capable d'aller car Cunégonde ne pouvait pas ignorer, occupant un poste de chargées d'affaire pour une société de liquidation judiciaire spécialisée dans le BTP, que ces pratiques existent bel et bien. Par exemple la "mafia des déchets ". Ces entreprises qui obtenaient des marchés d'évacuation de gravats, facturaient au tarif réglementaire mais écoulaient et entreposaient les déblais "*sur des terrains privés ou publics, en trompant ou menaçant les propriétaires*", le tout coûtant "*environ cinq fois moins cher*". Et ce n'était là qu'une des nombreuses astuces utilisées par la mafia sur la côte d'azur. Irène se souvint d'un article paru le 2 Février 2003 qui faisait état d'un coup de filet contre deux « familles » New-yorkaise accusées d'avoir pris le contrôle de deux sections syndicales du secteur du bâtiment, entraînant l'arrestation de membres éminents de familles mafieuses comme les Genovese et Colombo ainsi que de plusieurs responsables syndicaux de mèche avec les mafieux. L'influence de la Cosa Nostra dans le secteur du bâtiment remonte à longtemps à New York et par mimétisme le milieu français s'est emparé de ce marché juteux. La sonnerie de la porte d'entrée tira Irène de ses pensées. C'était Jeannot qui était revenu sur ses pas pour lui dire :

- Je ne sais pas si tu es au courant, mais dans le cabanon j'ai vu qu'il y avait une bâche. Et sous cette bâche il y a quelque chose...

- Quoi... qu'est-ce qu'il y a ?

- Des sacs plastiques transparents...

- Comment ça des sacs plastiques ? Mais qui les a mis là ? Et qu'est-ce qu'ils contiennent ces sacs ?

- Ben justement, j'ai regardé et je me suis demandé qui pouvait avoir mis là du sucre et de la patte à modeler en aussi grande quantité.

- Mais qu'est-ce que tu racontes Jeannot ?

- Si tu ne me crois pas tu n'as qu'à aller voir.

Sa curiosité piquée au vif, Irène laissa tomber ce qu'elle faisait pour partir avec Jeannot afin de voir par elle même ce qui se tramait au cabanon. Elle se gara un peu en retrait de l'entrée du terrain délimité par un vieux panneau indiquant une propriété privée. Arrivés devant le cabanon elle sortit sa clé et l'inséra dans la serrure. Le *clac* familier du déplacement du pêne dans le mécanisme se fit entendre et la porte s'ouvrit. Vu l'état de celle-ci avec ses interstices dans les planches Irène se dit qu'une fermeture à clé était plus symbolique qu'autre chose et qu'il faudra songer à la remplacer.

- Là... regarde sous la bâche...

- Mais qu'est-ce que...?

Elle souleva la toile de couleur grise et se trouva devant un empilement de sacs rectangulaires, d'une dimension de 20 x 10 centimètres laissant voir par transparence une poudre blanche et dans les sacs situés en dessous une pâte compacte de couleur verdâtre. Les sacs du dessus firent immédiatement dire à Irène, que ce que Jeannot avait pris pour du sucre était en fait de la cocaïne. Quant aux autres emballages, ils devaient contenir du cannabis.

- Alors qu'est-ce que je t'avais dit ?

- Oui... et je te déconseille vivement de ne pas sucrer ton café avec cette douceur là...tu risquerais de voir des éléphants roses.

- Ah bon... c'est pas du sucre alors ?

- Qui d'autre que Cunégonde peut avoir la clé ?

- Personne... il n'y a que nous trois qui en avons une.

- Il semblerait alors que notre cabanon soit devenu un lieu de stockage pour de la drogue.

- Mais tu ne crois quand même pas qu'elle fait du trafic de drogue quand même ?!

- Regarde imbécile heureux, la preuve est là sous tes yeux !

- Mais elle est devenu folle !

- Écoute moi bien Jeannot... pas un mot de tout ça... à personne, ***tu m'entends, à personne !!*** On ne touche à rien. On referme à clé et on s'en va.

Ils regagnèrent le véhicule d'Irène et rentrèrent sans mot dire.

Des mines patibulaires

Une puissante berline venait de faire une entrée remarquée sur la place du village de Tréfort. Avec sa couleur noire et ses vitres teintées elle ne passait pas inaperçue. En sortirent trois hommes sinistres dont un se dirigea vers la boulangerie où, Madame Seigle de derrière son comptoir, s'entendit demander où se trouvait la maison des Régali sur un ton que son mari n'aurait guère apprécié, s'il ne faisait pas la sieste après avoir lancé sa dernière fournée. Elle répondit que la maison était désormais inoccupée depuis le décès de Madame Régali. Un deuxième individu quitta celui qui restait à la berline, pour se diriger vers la terrasse du café où étaient attablés les quelques jeunes qui restaient à Tréfort, village qui s'était, comme tous les autres, peu à peu vidé de ses forces vives au profit des villes. Le ton menaçant qu'il prit pour demander s'ils connaissaient une certaine Cunégonde, ne plu pas au plus grand et costaud d'entre eux, le fils de Gustave Latourbe, Rudolph, qui avait hérité du caractère de son père ainsi que de sa carrure de rugby man. Il attrapa l'homme par la cravate et lui asséna une paire de marrons. Comme le malfrat revenait quand même à la charge Rudolph le saisit à bras le corps pour le projeter sur les tables voisines dans un fracas de verres brisés et de chaises renversées. Le patron du bar sortit alors et lança à l'adolescent : « - *Non Rudolph... pas le mobilier... pas le mobilier quoi !* » Comme le troisième affreux venait visiblement porter secours à son acolyte, le bistrotier entra dans son établissement pour en ressortir avec un fusil de chasse qu'il pointa sur les deux hommes en leur disant : « - ***Ramasse ton copain et dégagez ! C'est un village sans histoire ici...mais si vous cherchez la bagarre, sachez que sur ces terres tout le***

monde sait se servir d'un fusil !» Soutenant son compère, celui que semblait être le chef de ce trio néfaste le ramena jusqu'à la voiture. Mais ne voyant toujours pas sortir celui qui était entré dans la boulangerie, il se dit que quelque chose n'allait pas. En effet, réveillé par tout ce remue ménage et par les cris de sa femme, tandis que le troisième malfrat tentait de lui soutirer des informations sur Cunégonde en la menaçant des pires choses, le boulanger munie de sa pelle à farine en asséna un coup sur la tête de l'homme qui tomba comme une masse. Puis il l'attrapa par son col et le tira jusqu'à la devanture de la boutique aussi facilement que l'on déplace un sac de farine, René Seigle ayant été champion d'haltérophilie dans sa jeunesse et ayant toujours entretenu sa forme physique en soulevant des altères dans sa cave. Sous un soleil de plomb, les deux autres attendirent sans réagir que le troisième larron reprenne connaissance. Quand ce fut fait, il rejoignit ses comparses en titubant. Enfin, la voiture noire emprunta le rue descendant vers la sortie du village, tandis que le bistrotier s'écriait : « - ***Eh ben ces trois là... ils sont pas prêts de revenir prendre le pastis ou d'acheter du pain de si tôt !*** » Mais la boulangère en avait dit suffisamment pour que l'un des mafieux puisse localiser la maison des Régali. La voiture au ralenti vint se garer le long du mur en pierres. Après s'être présentés sans succès à la porte d'entrée, ils firent le tour de la bâtisse pour aller sonner chez Rita la voisine.

Celle qui ouvrit se trouva face à trois types au faciès patibulaire. Elle n'eut pas le temps de dire quoique ce soit, que les individus entraient dans la demeure. Et les questions fusèrent. Où habitait Cunégonde en ce moment ? avait-elle encore de la famille à Tréfor ? Était-elle venu récemment à la maison familiale ? Rita claquait tellement des dents qu'elle en perdit un bridge. Parvenant à se calmer un peu elle répondit que Cunégonde devait venir chercher du courrier, car depuis le décès de sa mère c'était elle la voisine qui le prenait dans la boîte à lettres, pour ensuite le remettre à la cadette quand elle passait à Tréfort. Rita se risqua à demander à celui qui avait l'air le plus éveillé des trois : « - Mais qu'est-ce que vous lui voulez à Cunégonde ? Ce n'est pas trop grave quand même ? » Ce à quoi répondit l'homme sèchement :

- C'est pas tes affaires ! Et de la famille, elle en a ?

- Une sœur et un frère.

- Et où peut-on les trouver ces deux là ?

- Irène habite dans une jolie résidence à Saint Rémy de Provence. Et le

Jeannot pas très loin...à Maillane, mais il a un papillon sur l'épaule...

- Qu'est-ce que ça veut dire ?

- Que le pauvre il est un peu simplet... il ne faut pas lui faire de mal, il croit dur comme fer que la terre est plate.

- Eh bien Nous allons attendre que Cunégonde vienne ici chercher son courrier.

- Mon mari va rentrer des course et le mieux pour vous, ce serait d'aller directement voir le Jeannot parce que, lui, si il sait quelque chose il se mettra à table facilement, ce ne sera pas la peine de trop le secouer. Croyez moi, dans le genre balance on ne fait pas mieux, il a fait ses preuves.

- L'adresse...

- 20 allée du saule pleureur à Maillane.

- Ok on va y aller, mais Gino va rester avec toi, dés fois que Cunégonde ramène sa viande.

La cadette était en route, mais avant de passer chez Rita chercher le courrier, elle décida d'aller voir son frère pour comprendre ce qui avait cloché dans son plan pour amadouer Irène. Arrivée à destination, elle remarqua la berline noire aux vitres teintées garée juste devant l'entrée de chez Jeannot. Elle alla donc se garer un peu plus loin tandis qu'à l'intérieur, les truands avaient déjà obtenu des réponses, n'ayant effectivement pas eu à bousculer beaucoup Jeannot pour qu'il crache le morceau. Comme celui-ci rajoutait même des infos qui ne lui étaient pas demandées, il fallut le bâillonner pour le faire taire. Tandis que Cunégonde s'approchait lentement du pavillon les deux malfrats en sortirent précipitamment et elle n'eut que le temps de se cacher derrière une voiture en stationnement. Elle attendit que la berline sombre s'éloigne pour entrer dans le pavillon et trouver Jeannot ligoté sur une chaise. Tout en retirant son bâillon elle s'écria :

- ***Mais c'était qui ces deux types ? Et qu'est-ce qu'ils te voulaient ?***

- Oh rien... il voulait juste ma recette de l'osso-buco.

- ***Arrête tes bêtises Jeannot !***

- **Non ! Toi arrête tes conneries !** Figure toi qu'avec Irène on sait tout et tu ferais mieux de me dire comment cette drogue est arrivée au cabanon. Tu as trop pris le soleil sur la calebasse et tu vas nous faire descendre avec tes...

- **La ferme !** J'ai besoin de réfléchir.

- Si tu me détachais tout en réfléchissant...

- Qu'est-ce que tu leur a dit ?

- Té pardi... d'aller récupérer leur camelote et de nous foutre la paix !

- Avec ce genre d'individus ça ne se passe pas comme ça...

- Si ça peut aider... je sais où papa planquait les cartouches des fusils qui sont dans la maison à Tréfort... et en se dépêchant bien...

- Allons y, de toutes façons avant qu'ils trouvent le cabanon il y en a pour un moment et...

- Oh ben non... je leur ai indiqué l'endroit exact...

- ***Quoi ? Mais tu es encore plus atteint que je ne pensais ! Tu as été fini au pipi ma parole !***

- Au lieu de me crier dessus, va vite chercher ta voiture il y a urgence ! Et puis tu me diras comment tu t'es fourrée dans un pastis pareil.

Des châteaux en Espagne

Cunégonde tout en en roulant à vive allure, expliqua à Jeannot comment elle en était venu à subtiliser la drogue à des ringards se prenant pour des caïds que Marcel avait connu quand il travaillait sur les docs à Toulon à l'époque où il fréquentait les quartiers chauds de la ville. Quelques jours avant son décès il avait indiqué à sa compagne l'endroit où les truands entreposaient leur marchandise illicite afin de la faire transiter par un passeur italien au delà de la frontière vers un pays de l'est. La cadette révéla à son frère stupéfait, que la somme d'argent que représentait cette drogue lui aurait servi entre autres choses à éponger des dettes relatives à de multiples procès perdus suite à des malfaçons dans la construction d'un immeuble, depuis prêt à s'effondrer. Jeannot, après ces révélations, se demanda de quelle somme parlait sa sœur. Ce à quoi elle lui répondit qu'elle s'apprêtait à empocher, ce soir même, un million et demi d'euros en petites coupures contre la livraison de la marchandise. Jeannot en resta bouche bée. Il se prit alors à rêver de devenir propriétaire de sa propre marque de voitures sans permis, du haut de gamme estampillée **JR** pour Jean Régali. La cadette songeait quant à elle à investir dans un appartement à Monaco avec vue sur les yachts. Quand ils arrivèrent à proximité du terrain, elle alla se garer en retrait du cabanon. La tête encore pleines de leurs rêves fous ils s'approchèrent prudemment. Ne voyant pas le véhicule des malfrats ils se dirent que le champ était libre... qu'ils arrivaient les premiers et qu'il ne restait plus qu'à mettre la marchandise dans le coffre de la voiture de Cunégonde pour ensuite aller au rendez-vous fixé avec le passeur italien au dessus de Digne les bains, le transalpin venant de Vintimille. Mais en s'approchant ils constatèrent avec horreur que la porte du cabanon était ouverte, et que tout avait disparu. Adieu leurs projets grandioses. La mine déconfite ils restèrent figés sur place un long moment, avant de se décider à repartir. La cadette ayant retrouvé ses esprits, elle voulait à présent récupérer le courrier chez la voisine. C'est donc vers le village de Tréfort qu'elle se rendit avec un Jeannot dont le moral était dans les chaussettes.

Il fallut plusieurs verres d'eau de vie pour que Rita retrouve enfin des couleurs, après que les malfrats soient revenu chercher leur complice pour redescendre avec leur précieuse marchandise sur la côte d'azur. Comme Jeannot avait trouvé le mari de Rita affalé sur le canapé après avoir reçu un coup de matraque souple derrière les oreilles, il tenta de le ranimer tandis que Cunégonde essayait tant bien que mal d'expliquer la venue de ce trio infernal à la pauvre Rita qui ne comprenait rien à la situation et aux explications nébuleuses de la cadette, qui, pour en finir, lui dit qu'il s'agissait simplement d'acheteurs potentiels de la maison Régali, très mécontents parce que le prix ne leur convenait pas. Ce à quoi Rita déconcertée dit d'une voix blanche : « - Ah ben dis donc, moi qui croyais que mon mari avait un sale caractère... ***ceux là, ils sont gratinés !*** Mon pauvre Roger qui rentrait avec les courses a fait les frais de la fureur de ces malades !! Mais dis donc Cunégonde... ils tenaient drôlement à t'avoir sous la main ces sales types ! ***Tu les trouve où tes acheteurs... dans les coupe- gorges ou aux baumettes ?!*** » L'infortuné Roger, enfin revenu à lui, déclara que malgré une caboche endolorie, il n'avait jamais aussi bien dormi de sa vie et que pour une fois, il n'avait pas été dérangé par les ronflements de sa femme. Cunégonde prit alors le courrier et poussa son frère à l'extérieur, soulagée tout de même que cette vilaine histoire ne se termine pas à coup de fusil. Intriguée elle demanda quand même à Jeannot :

- Quand tu as parlé des cartouches pour les fusils de papa, tu étais prêt à aller jusqu'où si les choses avaient mal tourné ?

- Je serais devenu pire qu'une bête.

- Tu sais donc te servir d'un fusil ?

- Papa m'emmenait à la chasse sans le dire à notre mère, et j'ai abattu du gibier et même parfois du gros.

- Mais là ce n'est pas pareil...

- Ah bon... pourquoi ?

- Pour rien. Je t'aime mon frère. Maman n'aimait que moi, moi je t'aime et toi tu n'aimes que moi.

Il fallut encore, pour en finir avec cette histoire, que Cunégonde contacte le passeur italien pour le prévenir à temps que l'opération était annulée. Irène, au fur et à mesure que Jeannot lui racontait, avec force détails, les derniers événements se dit qu'un ange protecteur devait veiller sur la famille Régali. Trouvant que son frère était en grande forme elle lui demanda s'il faisait toujours du vélo après son travail et il lui répondit, visiblement agacé :

- Oh non j'ai tout arrêté ! La dernière fois que je me suis essayé à monter le col de Vallongue... qu'est ce que je me suis pas fait dire par les automobilistes alors que j'étais en plein effort. ***Baisse la tête, comme ça t'auras l'air d'un coureur !*** Ou encore... ***appuie sur les pédales feignasses !*** Et aussi... ***mange donc des épinards et pète une coup t'es tout pâle !*** Et aussi... ***change donc de braquet couillon !*** Il y en a qui voulaient que je m'accroche à leur voiture, mais comme j'ai senti qu'ils me préparaient un sale coup, je l'ai pas fait. Il y a un type qui m'a crié par la portière que c'est dans la descente qu'il fallait freiner, pas dans la montée. Un autre avec un vieux diesel pourri, c'est mis juste devant moi et a fait exprès d'accélérer pour m'enfumer. J'ai cru qu'il me faudrait la tente à oxygène. Alors tu comprends, quand je suis rentré, le vélo je l'ai pendu dans la cave.

- Mon pauvre Jeannot, que veux-tu, les gens sont bêtes et méchants.

- Oh mais moi je ne veux rien ! Juste qu'on me foute la paix et ma voiture sans permis !

- Calme toi sinon tes tics vont te reprendre et je ne tiens pas à ce que tu casses encore quelque chose chez moi. As-tu été voir le docteur Garovirus pour ça ?

- Cunégonde m'a dit que c'est un charlatan et un pervers.

- Quoi ? Mais c'est le médecin de famille qui nous a tous vu grandir. Elle est jobarde de dire ça !

- Elle m'a dit qu'il lui avait tâté les seins et le cul et qu'en faisant ça, il avait le regard d'un vieux lubrique. Alors pas question d'aller le voir.

- Quoi ? Et elle a pris ça pour une agression ? Elle devrait plutôt le prendre comme un hommage, vu qu'avec le Marcel ça doit lui arriver toutes les morts d'évêque de se faire tâter la viande ! Et puis toi, tu risques rien, tu n'a aucun des attributs requis pour exciter qui que ce soit.

Jeannot réfléchit un instant et se dit qu'il pouvait tenter le coup.

Après avoir reçu plusieurs missives envoyées par le notaire, signifiant à Cunégonde qu'elle devait, soit rendre l'argent pris indûment, soit se préparer à un procès, la cadette avait pris sa décision. C'est lors d'un rendez-vous à l'étude de Maître Enfoiros qu'elle déposa en liquide la somme de 5000 euros correspondant au montant du chèque qu'elle avait falsifié, se pliant à contre cœur à l'injonction de l'homme de loi. La cadette avait fini par abdiquer ayant conscience que le vent du boulet, avait quelque peu dérangé son brushing toujours impeccable, Irène ayant décidé, fort heureusement, de ne pas porter plainte contre elle pour recel successoral.

Enfin... après toutes ces péripéties, la vente de la maison Régali pouvait avoir lieu, au grand soulagement des différentes parties.

Les britishs

Un couple d'anglais, à la recherche d'une maison en Provence, étaient tombés sur une annonce qu'avait fait paraître Irène sur un site européen. Conquis par les photos et le charme de la région ils décidèrent de se rendre sur place pour effectuer une visite. Irène ne parlant la langue de Shakespeare demanda à ce que Jeannot lui prêta main forte celui-ci ayant pris quelques cours du soir. Ils arrivèrent en land rover. N'ayant pas encore l'habitude de la conduite à droite, Mister Oliver Calbut, heurta le scooter de Jeannot qui tomba sur le côté. Sortant du véhicule il se confondit en excuses avec des : « - Oh I'm sorry...so sorry ! » Jeannot ayant vu la scène se précipita pour relever sa machine constatant que le rétroviseur gauche était cassé. Irène avec de grands gestes fit alors signe au couple que ce n'était pas grave et qu'ils pouvaient venir visiter les lieux. Jeannot consterné mais prenant sur lui ne protesta pas et leur emboîta le pas. La visite commença par la cuisine, et Susie Calbut s'exclama d'une voix claire, presque chantante : « - Oh what a beautiful kitchen ! » Jeannot se tournant vers sa sœur demanda d'un air niais :

-Qu'est-ce qu'elle a dit ?

- Comment ça ? Mais je t'ai fait venir pour me servir d'interprète. Tu as bien pris des cours du soir en accéléré ?

- Ben justement, c'est ça le problème... ils étaient trop rapides pour moi.

- En somme, tu ne pites rien à l'anglais.

- Un peu... vaguement. Ce que j'ai bien compris par contre, c'est qu'ils ont bousillé mon scooter !

- Eh bien tant pis on va essayer le langage des signes.

Pendant ce bref échange, le couple avait eu le temps de se faire une idée sur les commodités apportées par l'électro-ménagé de la cuisine équipée. Ils furent invités à pénétrer dans la salle à manger puis au salon. Là, Oliver Calbut remarqua les traînées d'humidité qui descendaient le long des murs. S'adressant à Jeannot il demanda : « - Does it rain in the house ? » Comme l'anglais montrait les traces avec le doigt, Jeannot lui dit : « - It is figurative art ! » Oliver Calbut satisfait de cette réponse se tourna vers sa femme d'un air ravi tandis qu'Irène interrogeait du regard son frère : « - Laisse... ils n'ont rien compris, je vais les enfumer, laisse faire le pro. » Irène à demi rassurée fit signe au couple de poursuivre vers la salle de bains s'attendant, comme avec les précédents visiteurs, à une réaction de dégoût. Contre toute attente, lorsque la porte fut ouverte ils s'écrièrent en cœur : « - Splendid ! Wonderful ! Oh the colors are harmonious ! » Jeannot se tournant vers Irène très surprise déclara tout de go : « - Ma parole ils sont pas finis ces deux là. Mais bon, du moment que ça leur plaît moi... je valide. Ça doit leur rappeler leur flanc gélatineux à la menthe. Berk ! » L'anglais demanda : « - How to access the bedroom ? » Phonétiquement, Jeannot ne compris que le premier mot de la phrase, how, devenant haut. Il dit alors enjoué : « - Non ce n'est pas en haut mais en bas, et il va falloir prendre l'escalier. Be carreful, it's a very dangerous expédition. » Mister Calbut éclata d'un rire tonitruant tandis qu'Irène demandait à son frère de passer devant cette fois, car elle avait déjà donné dans ces maudits escaliers. Curieusement il n'y eu pas de problème et tout le monde se retrouva au bas des marches sans encombre. Ils trouvèrent les chambres charmantes avec leurs placards de rangement et soudain un cri déchira la sérénité du moment, car venait de passer entre les jambes de Susie Calbut, un rat gros comme un Castor. Elle sauta dans les bras de son mari en s'écriant : « - ***What is it ? it's the dog of Baskerville !*** » Et Jeannot de répondre décontracté, que ce n'est que Gaston, le rat de la maison et qu'il est apprivoisé. Revenue de sa frayeur Susie Calbut suivit Irène jusqu'au studio où là, elle lui fit voir la salle de bain et les sanitaires. Puis voulant la suivre pour accéder à la pièce à vivre la femme n'ayant pas vu le tuyaux de cuivre dépassant de la marche, se prit les pieds avec ses talons hauts, et s'étala de tout son long au milieu de la pièce, sa tête heurtant le pied de la table basse. Jeannot voyant la scène et se sentant une âme de super héros se précipita pour la relever. Au moment où il produisit son effort pour la soulever, il sentit que quelque chose venait de se coincer dans le bas de son dos, provoquant une douleur fulgurante qui lui coupa le souffle. Il lâcha l'infortuné Susie qui retomba lourdement au sol tandis qu'il allait s'effondrer sur le canapé en se tenant les reins et en hurlant comme une bête. Le mari voyant ce triste spectacle s'écria : « - ***Oh darling you didn't hurt yourself ?*** » Oliver Calbut avec un flegme très british, releva sa femme et constata que sa lèvre supérieure était fendue. Comme elle esquissait un sourire douloureux, horreur, il vit qu'il lui manquait une dent de devant, celle-ci étant restée plantée dans le pied de la table basse. Ne disant rien à sa dulcinée, il la conduisit vers le lavabo afin qu'elle constate elle même les dégâts. Se voyant dans la glace, elle poussa un cri barbare tandis le mari, voulant nettoyer sa lèvre, ouvrit le robinet et régla le mitigeur pour obtenir de l'eau tiède. Irène se souvenant tout à coup que le plombier polonais qui avait fait la dernière réparation, n'avais pas installé le mitigeur dans les normes, hurla au couple de s'écarter immédiatement du lavabo. Trop tard. Un jet brûlant sauta au visage de la malheureuse Susie, qui poussa un cri strident en s'éloignant en titubant jusqu'au canapé, où elle s'effondra sur le pauvre Jeannot qui s'évanouit de douleur. Irène sidérée, regardait Mister Calbut, se demandant comment elle pourrait rattraper le coup. Elle eut alors l'idée de proposer le thé à ses invités : « - Glacé pour vous Madame bien sûr. » Au bout d'un moment Jeannot reprit ses esprits et proposa à Irène de prendre le relais afin de sortir pour montrer la terrasse à l'anglais pendant que sa femme récupérait de ses émotions fortes. Oliver Calbut imagina tout de suite quoi faire de cet espace. Il pensa à un jardin anglais avec une belle véranda abritant un salon en rotin garni de hostas, plantes vivaces au feuillage très décoratif. Jeannot voyant sa mine ravie, se dit qu'il serait bien temps pour le couple, de discuter avec le notaire du domaine public, ce qui risquait fort de doucher leur enthousiasme. Malgré cette cascade d'incidents regrettables, les anglais restaient motivés pour l'achat du bien et Jeannot, tant bien que mal, réussit à aligner quelques phrases avec eux pour convenir d'une date avec le notaire afin de signer le compromis de vente. Quelques jours plus tard le couple de britanniques recontacta Irène et quand ils se rencontrèrent à nouveau sur la place du village, Jeannot également présent, finit par comprendre que Oliver Calbut demandait à ce que leur futur foyer soit vide de tout meuble.

Il fallut donc qu'Irène et son frère s'organisent en ce sens.

Le vide maison

Jeannot était excité comme une puce, et il se dévoua corps et âme pour aider Irène à étiqueter les objets et le mobilier qui seraient présentés à la vente. Chevauchant son scooter, il avait posé des affiches pour annoncer l'événement dans un rayon de 20 kilomètres à la ronde. Irène et son frère s'étaient mis d'accord pour arrêter une date, précisant l'heure et le lieux sur les écriteaux, se gardant bien d'avertir la cadette, Irène redoutant un nouvel esclandre. Jeannot lui , était sur son petit nuage et se fichait bien de ce qui pouvait désormais arriver, ce voyant déjà au volant de sa voiturette de couleur rouge ferrari, avec bande noire sur le toit et le capot, sillonnant les routes du département pied au plancher.

Par un beau week-end ensoleillé, on eut dit qu'il y avait un concert des rolling stones à Tréfort, tant on pouvait voir du balcon de la maison Régali, les champs en contrebas dans lesquels étaient stationnés des dizaines de véhicules, au grand dam du paysan qui s'arrachait les cheveux à la vue de ce spectacle ahurissant. Une foule compacte remontait jusqu'au village répondant à l'annonce. Irène et Jeannot surpris par cette affluence se demandèrent comment ils allaient gérer la situation. Mais finalement les choses se déroulèrent plutôt bien, dans la joie et la bonne humeur. Jusqu'à l'arrivée impromptue et fracassante de la cadette qui, déboulant de nulle part et jouant des coudes, se fraya un passage pour arriver jusqu'à la maison en hurlant : « - ***Irène qu'est ce que c'est que ce foutoir ?! C'est la cour des miracles ici ! Vous là... touchez pas à ça ! Foutez moi le camp bande de pique assiettes ! Qui a organisé cette vente à la sauvette ? Irène...Jeannot où êtes vous ?!*** » Irène, qui à la vue de sa sœur s'était retranchée dans une pièce au fond de la maison, dit à voix basse à Jeannot dont l'humeur joyeuse s'était également évanouie :

- *Mais bon Dieu qu'est-ce qu'elle fout là ? Qui l'a prévenu ?C'est pas toi j'espère ?*

- *Ben... si...*

- *Décidément je te décerne la palme des renégats ! Maintenant nous voilà bien avancés avec cette furie qui va tout foutre en l'air. Il nous faut sortir au plus vite de la maison avant qu'on nous pique tout, et aussi pour tenter de calmer cette harpie avant le désastre. Mais toi je te retiens... comme fouteur de merde tu te poses un peu là.*

A l'extérieur un grand vide s'était fait tandis que Cunégonde haranguait la foule du haut du balcon, en hurlant aux gens surpris et déconcertés de déguerpir au plus vite sous peine de prévenir les bleus. Jeannot et Irène tentèrent de leur côté de calmer le jeu pour continuer de vendre malgré les invectives de la cadette qui les menaçaient d'un doigt vengeur en leur hurlant qu'ils ne perdaient rien pour attendre. Soudain comprenant que du balcon sa voix ne portait pas assez, Cunégonde tomba la veste et entra dans le salon où des personnes regardaient les objets en vente. Elle les bouscula en tentant de les repousser vers la sortie et un homme qui refusait d'obtempérer, s'est vu asséner une paire de gifles en aller retour qui le firent vaciller. Irène vit alors sortir précipitamment les gens alors que les vociférations de Cunégonde couvraient la cohue. Devant cette scène surréaliste, où la cadette, devenue incontrôlable, distribuait les claques et les coups de pieds à ceux qui avaient le malheur de passer à sa portée, Irène se décida à appeler les urgences psychiatriques. Elle tenta désespérément de joindre le chef de service de l'Ordre hospitalier des Frères de Saint-Jean de Dieu afin que l'on envoie d'urgence un véhicule avec trois infirmiers costauds. Enfin, elle s'entendit dire : « *Tentez de la calmer, nous arrivons au plus vite !* » Ce à quoi Irène répondit des trémolos dans la voix : « ***- Mais bon Dieu dépêchez vous, ici la situation tourne à l'émeute... c'est la baston générale !*** »

Elle demanda à Jeannot d'aller à la cuisine remplir une bassine d'eau froide, en faisant bien attention aux fils électriques dénudés. L'air ahuri il demanda :

- Qu'est ce que tu veux faire avec ? J'ai déjà arrosé les fleurs hier...

- Mais non imbécile c'est pour calmer le volcan de la soufrière ! ***Aller***

fais ce que je te dis sans discuter !

Il se fraya un chemin dans le tohu-bohu jusqu'à la cuisine et s'exécuta. Au moment de reprendre la bassine pleine, il heurta les fils dénudés et pris un coup de jus. Irène en le voyant revenir, constata qu'il avait les cheveux droits sur la tête et que ça sentait le brûlé. Et Jeannot de déclarer : « - Il faudrait songer à réparer les fils électrique avant que quelqu'un y reste pour de bon... *j'ai eu chaud.* » Cunégonde déchaînée, faisait des moulinés avec les bras, le chemisier déchiré et le brushing en bataille, tandis qu'Irène arrivait avec la bassine, se faufilant pour lui lancer l'eau glacée en plein visage. Surprise, la cadette marqua un temps d'arrêt, ce qui permis aux gens de sortir en vitesse de la maison sans demander leur reste. Certains, pour les plus chanceux, avec une manche en moins, d'autres avec les joues en feu, ayant encore la marque des doigts, et enfin des touffes de cheveux arrachées, des dents cassées et des yeux au beurre noir en veux tu en voilà. Beaucoup sortirent en titubant, ne voulant plus lâcher l'objet qu'ils avaient acheté le portant comme un trophée. Cunégonde, épuisée et trempée, s'affala sur une chaise. L'œil mauvais, elle toisa tout de même sa sœur qui tenait encore la bassine à la main et lui dit : « - *grosse conne tu viens de saloper mon tailleur Chanel ! Je t'enverrai la facture du pressing !* » Jeannot qui venait d'entrer dans le salon lança à la cantonade : « - je m'enverrai bien un verre de whisky pour me remettre de mes émotions... si toutefois il reste encore des verres intacts. » Enfin, les silhouettes massives des hommes en blouse blanche se découpèrent dans l'encadrement de la porte. L'un deux demanda où se trouvait l'énergumène et Irène leur désigna de l'index sa sœur, prostrée sur son siège, puis elle recula de deux pas s'attendant à un soubresauts violent, connaissant l'étonnante faculté de récupération de sa sœur. Voyant les infirmiers s'approcher d'elle la cadette s'écria : « - ***Mais qu'est-ce que ces guignols font là ?! Qui les a appelés ? C'est plutôt de mon frère qu'il faut vous occuper... il en a grand besoin !*** » Celui qui se trouvait le plus proche d'elle tenta de la calmer avec des paroles apaisantes, tandis qu'un autre s'affairait à préparer une seringue. Mais comme rien n'y fit et que Cunégonde commençait à reprendre du poil de la bête, celui qui avait préparé l'injection s'approcha subrepticement pour lui planter l'aiguille dans la fesse droite, appuyant prestement sur le piston pour propulser le liquide soporifique. L'effet fut presque immédiat et elle sombra dans une léthargie qui fit pousser un soupir de soulagement à l'assemblée. Enfin domptée, elle fut emportée sur une civière jusqu'à l'ambulance. Irène et Jeannot regardèrent le véhicule s'éloigner, avant de constater les dégâts causés par celle qui avait finalement fini par perdre la raison, pour le plus grand bonheur du docteur Bayoque, qui l'accueilli dans son service lui réservant une douillette chambre capitonnée, en attendant de rejoindre le pavillon bleu des très grands agités.

A la fois soulagés et tristes, Jeannot et sa sœur se mirent à la tâche pour ranger la maison. Puis ils firent l'inventaire des invendus. Résignés, ils se tournèrent finalement vers une association de débarras qui vint emporter le reste des meubles et objets contenus dans la maison. Le couple de britanniques devait venir les jours qui suivirent, pour signer le compromis de vente, mettant ainsi un point final à cette invraisemblable série de rebondissements.

Les signatures

Ce jour béni, Jean Piètre, en sa qualité d'adjoint au maire, essaya tant bien que mal de faire comprendre aux britanniques ce que le domaine public impliquait. Ne comprenant rien aux explications données (le droit anglais n'étant pas le même que le notre, de même que leur sens de circulation à gauche) ils ponctuaient leur réflexion de grands « - *What ? What do you say ? We don't understand !* ». Le temps hémophile, s'écoulait sans que l'on puisse trouver une solution, et devant l'incompréhension des acquéreurs, il fallut reporter la signature du compromis de vente à une date ultérieure, et surtout, s'enquérir d'un traducteur, Jean Piètre, n'ayant pas le niveau requis pour mener à bien cette tâche.

Lors du nouveau rendez-vous fixé à l'étude du notaire, les signatures de Jeannot et Irène figuraient déjà sur le document officiel, il fallut donc pour obtenir celle de Cunégonde, une permission exceptionnelle accordée par le remplaçant de l'éminent docteur Bayoque, le jeune docteur Tuladanlos, qui venait tout juste d'échapper à une tentative d'étranglement de la cadette, ayant eu le malheur de croire qu'elle était en rémission, à cause de l'administration d'une dose massive de neuroleptiques, ne se méfiant pas de ce fait de sa réaction alors qu'on lui prodiguait des soins, il s'approcha trop d'elle et ne du son salut qu'à l'intervention de deux solides infirmiers qui, alertés par les cris, arrivèrent juste à temps pour la piquer. C'est pourquoi elle fut amenée en fauteuil roulant, les membres sanglés, laissant juste sa main droite mobile pour tenir un stylo. Le docteur Arsène Tuladanlos en personne poussait le fauteuil, arborant une minerve lui interdisant tout mouvement de la tête. Le traducteur mandaté, Nestor Pipelette, avait pris place à côté du couple de britanniques, et malgré ses explications, ceux-ci ne semblaient toujours pas comprendre la situation. L'adjoint au maire disposa les plans cadastraux sur le bureau de Maître Enfoiros, qui, en voyant le docteur Tuladanlos eut un coup de foudre. Le prenant à part, il entama aussitôt la conversation en lui demandant de quelle région de Grèce il était. Faisant fi de l'assemblée, ils échangèrent gaiement leur numéro de téléphone en se dévorant du regard. Où cela ce serait-il arrêté, si Jean Piètre n'avait pas mis le haut-là, en tapant du poing sur le bureau, pensant que s'ils voulaient se truffigner, ils pouvaient le faire ailleurs. Comme Oliver Calbut avait vu le manège il s'écria : « **-Time break please ! We are shockin ! And if they want to fuck... another day please !** » Jean Piètre, se tournant vers le traducteur lui demanda ce qu'il venait de dire :

- Figurez-vous qu'ils se demandent ce que fait cette dame attachée sur un fauteuil roulant.

- Ah bon... expliquez leur donc que c'est la sœur des héritiers, et qu'elle est là pour signer également. Et dites leur aussi qu'il faudrait en finir à présent.

- Bien, je vais traduire. Mais à mon avis ils n'ont toujours rien compris à votre histoire de mur et de terrasse sur le domaine public. Ils veulent faire un jardin anglais avec véranda vitrée et ils ne comprendront pas pourquoi ce n'est pas possible.

Jean Piètre s'adressant alors au notaire, lui dit qu'il faudrait faire fi des considérations administratives et faire signer les futurs acquéreurs sans entrer dans les détails, sous peine de blocage de la situation. Il rajouta à voix basse : « - *Tant pis pour leur jardin anglais...ils se contenteront de quelques rangées d'iris.* » Le docteur Arsène Tuladanlos désireux de ramener au plus vite Cunégonde dans ses appartements, demanda où il fallait qu'elle applique sa signature, et guida sa main pour qu'elle griffonne un paraphe approximatif. Soudain, traversée par un éclair de lucidité avant de s'éteindre à nouveau, elle s'exclama : « - ***Ils sont solvables au moins vos rosbifs ? Qu'on se retrouve pas comme à Waterloo, une main devant et l'autre derrière !*** » Il ne restait donc plus que les signatures du couple pour en terminer, et alors que tout le monde attendait l'heureux dénouement, Calbut demanda au traducteur ce que Waterloo venait faire dans cette histoire, puis il chuchota à l'oreille de Pipelette, tout en regardant avec un sourire ironique ceux qu'il soupçonnait fortement d'appartenir à la communauté gay : « *Do they have condoms ?*

Otherwise I have a box. » Nestor Pipelette, cramoisi, ne sut quoi répondre. Enfin, se tournant vers Jean Piètre il lui signifia que les anglais étaient d'accords pour signer. Aussitôt Maître Enfoiros sauta sur l'occasion. Il écarta d'un revers de main le plan cadastral et par la même, le problème du domaine public qu'il choisit de reléguer aux oubliettes, pour présenter le document à l'approbation du couple. Une fois que ce fut fait, chacun poussa un ouf de soulagement et tous se congratulèrent en se serrant la main comme le font les ingénieurs de la NASA après un décollage de fusée réussi. Maître Enfoiros et son clerc sentirent comme un nuage noir s'éloigner d'eux, avec l'espoir de vivre des jours plus sereins, loin de la descendance des Régali avec son incroyable cortège d'emmerdements.

Épilogue

Quelques mois après la vente du bien familial, Irène déménagea vers Aix en Provence. Suite à de bons placements financiers, elle mena une vie confortable, s'offrant de temps en temps, une belle croisière en méditerranée. C'est ainsi qu'en 2012 lorsque le Costa Concordia, un sublime bateau de croisière, faisait naufrage sur les côtes italiennes, marquant tristement l'actualité, elle faillit perdre la vie, et ne dut son salut qu'à son incroyable capacité à rester en apnée, aptitude hors du commun, acquise sûrement quand son père l'amenait enfant à la piscine, pour qu'elle puisse enfin apprendre à nager. Son géniteur, dragueur impénitent, était plus préoccupé par la plastique des baigneuses que par les progrès de sa fille, et Irène se retrouvait plus souvent au fond du bassin qu'à la surface. Il lui lança d'ailleurs un jour d'un ton moqueur : « - *Ma pauvre fille, tu nages comme un fer à repasser !* » Dés ce jour, traumatisée par la pénible expérience de son naufrage, elle décida de renoncer définitivement à la grande bleue, et lui préféra les prairies verdoyantes du valais suisse avec ses chalets typiques. Ne renonçant pas à sa passion, elle s'inscrivit au conservatoire de chant lyrique et remporta plusieurs concours avec succès qui lui ouvrirent, sur le tard, une belle carrière internationale.

Cunégonde, aux dernières nouvelles, avait fait de nets progrès dans la gestion de ses émotions, ne tentant qu'une nouvelle fois d'étrangler le jeune psychiatre remplaçant le docteur Bayoque, celui-ci ayant jeté l'éponge renonçant définitivement à essayer de comprendre le fonctionnement de ce cerveau atteint. Elle fut surprise à plusieurs reprises hurlant, dans les couloirs « - ***Messieurs les anglais... tirez les premiers*** *!* » Ses cris, suivis de phrases incompréhensibles, mélange de patois Provençal et d'anglais approximatif ou il était question, d'après ce qu'en ont pu comprendre les témoins, d'un casse mélangeant l'attaque du train postal Glasgow-Londres à l'incendie du château de windsor. Personne ne fut en mesure de comprendre la teneur de ses divagations , mis à part le fait probable, qu'elle avait du subir un traumatisme relatif à un événement impliquant des anglais. Elle devait décéder d'une crise cardiaque par une belle matinée de printemps, ce qui ne surpris personne au sein du personnel, qui pris la nouvelle avec grand soulagement, tant cette patiente avait perturbé le service et épuisé des soignants, pourtant solides et aguerris, les conduisant les uns après les autres au burn out.

Quant à Jeannot, qui habitait toujours à Maillane, il avait fini par achever son scooter en tentant, à nouveau, pour épater une copine de travail de faire une roue arrière, tel un paon, pour éblouir sa dulcinée. Cette fois-ci la cascade se termina mal, car l'engin une fois cabré, laissa Jeannot sur le cul et partit comme une fusée pour aller finir sa course contre le mur de la gendarmerie proche de chez lui. Quelques temps après cette déconvenue, il se remis au vélo, après avoir fracassé sa voiturette contre un poteau téléphonique, s'étant encore endormi au volant, privant de communication tout un lotissement. Il en sortit indemne, mais la fois suivante fut la bonne. Il rendit l'âme lorsque ses freins lâchèrent dans la descente du col de Vallongue. Jamais « *gai luron et la joie de vivre»* n'avait roulé aussi vite sur une bicyclette que ce jour fatidique où il crut franchir le mur du son, tant ses oreilles sifflaient au vent. On ne retrouva jamais son vélo, mais le corps du malheureux fut découvert par des randonneurs incrusté dans un chêne les bras en croix. Il venait de dévaler des pentes à 60 % et de sauter un ravin avant d'être stopper net dans sa course folle. Paix à son âme.

Sous le ciel de Provence

Si un jour vous passez par l'autoroute A51, n'hésitez pas à prendre la sortie vers Tréfort et à monter jusqu'au village perché. En vous promenant dans ses ruelles, vous passerez immanquablement devant la maison des Régali, avec son mur en pierres de taille qui est toujours debout. Les derniers propriétaires, venus de la région du yorkshire, étant retourné dans la banlieue de Londres, nostalgiques du fog et du crachin, la bâtisse est aujourd'hui inhabitée. Les couleurs vives du panneau « **A VENDRE** » de l'agence immobilière « *Provence Habitat* », sont devenues pastels et de la vigne vierge a envahi la façade sud inondée de soleil. Mais si les volets bleus sont toujours clos, ils semblent attendre d'être rouverts, afin que cette demeure puisse à nouveau offrir un lieu de vie agréable à de braves gens sous le beau ciel de Provence.

FIN

Printed by Books on Demand GmbH, Norderstedt / Germany